数学大冒险

攻击电路城

〔英〕凯瑟琳·凯西 著
〔美〕克里·戈德比 绘
肖 潇 译

河南科学技术出版社
·郑州·

Original title: *Maths Quest: Attack on Circuit City / Maths Quest: Escape from Hotel Infinity / Maths Quest: Lost in the Fourth Dimension / Maths Quest: The Island of Tomorrow*

Copyright © 2017 Quarto Publishing Plc

Simplified Chinese translation © 2023 Henan Science & Technology Press

First published in 2017 by QED Publishing, an imprint of The Quarto Group,

1 Triptych Place, Second Floor, London SE1 9SH, United Kingdom

著作权备案号：豫著许可备字-2023-A-0081

图书在版编目（CIP）数据

数学大冒险. 攻击电路城 /（英）凯瑟琳·凯西著；（美）克里·戈德比绘；肖潇译. —郑州：河南科学技术出版社，2023.8

ISBN 978-7-5725-0617-8

Ⅰ.①数… Ⅱ.①凯… ②克… ③肖… Ⅲ.①数学—青少年读物 Ⅳ.①O1-49

中国国家版本馆CIP数据核字（2023）第061071号

出版发行：河南科学技术出版社

地址：郑州市郑东新区祥盛街27号　　邮编：450016

电话：（0371）65788890　　65788858

网址：www.hnstp.cn

策划编辑：孙　珺

责任编辑：孙　珺

责任校对：耿宝文

封面设计：张　伟

责任印制：朱　飞

印　　刷：北京盛通印刷股份有限公司

经　　销：全国新华书店

开　　本：720 mm×1 020 mm　1/16　总印张：12　总字数：520千字

版　　次：2023年8月第1版　2023年8月第1次印刷

定　　价：100.00元（全4册）

如何开始你的冒险

你准备好去迎接一个充满数学谜题和烧脑挑战的任务了吗?

那么这本书刚好适合你!

与你平常看过的那些书不同,《攻击电路城》这本书并不是要按照页码的顺序一页一页读下去。这是一本专属于你的书!你就是这本书的主角!你需要在书中找到属于自己的冒险路线,按照提示进入对应页码,追踪线索,直至完成冒险之旅。

故事从第4页开始,它会告诉你接下来你要去哪里。每次面临挑战,你都需要在几个选项当中做出自己的选择,就像这样:

A 如果你认为正确答案是A。

请翻到第23页。

B 如果你认为正确答案是B。

请翻到第11页。

选出正确答案,然后翻到指向的页码并且找到对应标识。

万一选错了也别担心,你会得到一条额外的线索,然后回到之前的那页再试一次。

这个冒险故事中出现的谜题和问题全部来自奇妙的数学世界,所以,出发前请你准备好充足的数学知识。

书中的第44~47页准备了数学名词解说,希望它们可以给你提供一些帮助。

准备好了吗?现在,就让我们翻过这一页,开始我们紧张、刺激的冒险之旅吧!

攻击电路城

一个安静的下午，你正在图书馆里做数学作业。当你正要在电脑里保存作业的时候，屏幕上出现了一只甲虫。

更新请求已授权。

"**摧毁**电路城"
计算机病毒已上传57%，
将在2小时内完成上传。

电路城是学校内部**网络**的昵称，为什么有人想要摧毁它呢？你想去找出真相！

事不宜迟！
赶快翻到第31页，开始你的冒险之旅吧！

正确！图中占比最小的部分是统计学/数学，所以，这是最不受孩子们欢迎的课程。

呃，做得不错！最后一个问题：我们曾经问过32个孩子，他们最喜欢哪门课。有多少个孩子选择了戏剧？

统计学女老师显然对自己所教的课程不受欢迎这件事很愤怒。如果你能站在她这边，并且找到她的计划，或许能阻止对电路城的攻击。

孩子们最喜欢的课程
32个孩子的统计样本

■ 统计学/数学
□ 体育
■ 历史
■ 语文
■ 戏剧

你的答案是哪个？

1 1。
翻到第39页。

32 32。
前往第10页。

16 16。
翻到第23页。

很棒的尝试！但是这些饮料是按从孩子们最不喜欢的到最喜欢的顺序排列的。

回到第22页再试一次。

不，1号区域5天后会点亮5个LED灯。

回到第39页再试一次。

哦，再重新数一遍计数标记吧。

回到第42页。

正确！有66名学生参加了各种课后俱乐部。门被打开了，你及时地躲了进去。

你在里面等待甲虫病毒经过，然后向门外望去……

忽然你听到了更多的脚步声！

正确！现在有30只甲虫病毒，它们已经准备好去破坏电路城的程序了。

你最好动作快一点儿！

突然，有东西从后面吓了你一跳！原来是一个帮助文件。

帮助文件

跟我来！这样你就能抢在甲虫病毒的前面了。

你跟着帮助文件走，直到你发现了一只长得像水蜡虫一样的甲虫病毒，它的背部有一个屏幕。你跳上去抓紧了它。

使病毒失活
选择最常见的甲虫病毒。

激活病毒
选择最不常见的甲虫病毒。

四种甲虫类型

☐ 瓢虫
■ 磕头虫
▨ 叶甲
▨ 天牛

选择正确的按钮使病毒失活。

 瓢虫。

快速前往第22页。

叶甲。

前往第31页。

天牛。

直接翻到第39页。

 再试一次。科学实验室的网络使用时间最长。记得关注统计图旁边的注释。

回到第19页再试一次。

16

输入密码错误。记住，有的符号中，第5个标记跨越了前4个标记。练习在5秒之内数完所有标记。

回到第33页再试一次。

15

太棒了！你重置了黄蜂病毒的程序，现在它开始修复电线了。

现在所有的甲虫病毒都已失灵。简直不可思议！紧接着，你又听到了萨姆洪亮的声音。

你这个可恶的叛徒！我已经弄坏了网卡，所以，你不能再用之前的传送门离开这里了！哈哈哈！但是，我也是很公平的，只要你能答对这个很难的问题，我就帮你想办法离开这里。

进行互联网研究时优先使用的设备统计图

（纵轴）使用的孩子人数
（横轴）设备类型：平板电脑、台式机、手机、笔记本电脑

他给你发了一张统计图，然后提出了问题：优先使用手机的孩子比优先使用笔记本电脑的孩子多多少？

 6。

前往第39页。

11。
转回第23页。

10

错误。图中显示了随着时间的推移，被破坏掉的文件数量。沿着横轴找到10分钟所在的位置，然后读取该位置在纵轴上对应的数字，就能够找出答案。

回到第38页再试一次。

 不，11点开始上传第1个病毒。

仔细阅读第23页。 **16**

正确！萨姆把应急传送门放在了3号区域——就是你现在所在的地方！快点儿！你必须赶在统计学老师之前从传送门离开。

统计学老师朝着一个方向跑，你朝着另一个方向跑。你找到了传送门，但是它却一直朝着远离你的方向移动。

你有了一个主意，或许行得通。

萨姆，咱们再最后挑战一次吧。你来问我一个问题，什么问题都可以——如果我赢了，你就要阻止传送门移动；如果你赢了，我就一直留在这里不走了。

萨姆忍不住问了你一个要比你高两个年级的学生才可能答得出的问题。

他问道：哪种图形显示的是一个**变量**如何随另一个变量的变化而变化？

线形图。
跳到第33页。

柱状图。
翻到第20页。

饼状图。
马上去往第36页。

32

回答错误！32是接受统计的孩子总数，其中有一半的孩子选择了戏剧。

回到第5页再试一次。

30

再试一次！30是水蜡虫病毒数量的中位数。

迅速按下第27页右侧的按键，不然就来不及了！⑳

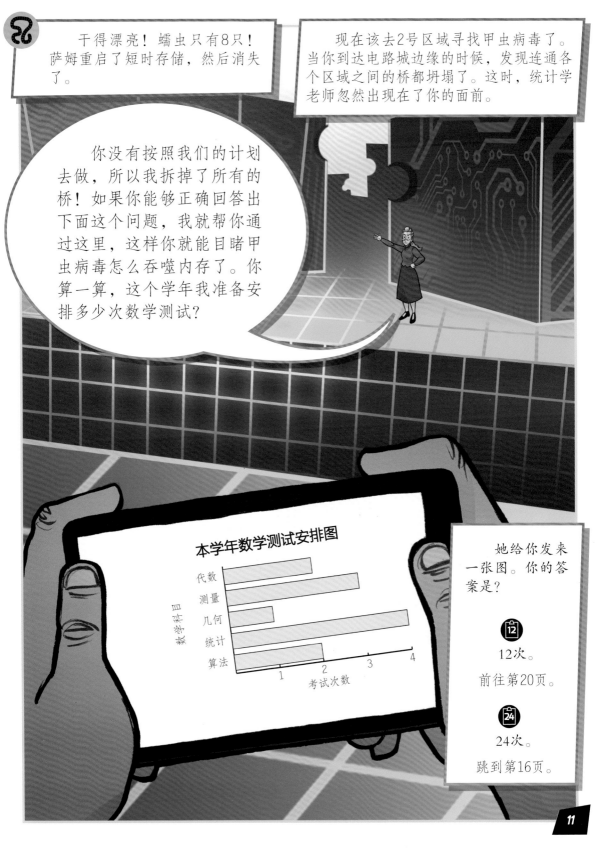

干得漂亮！虽然你需要先到3号区域中转，但这是一条最佳路径。

你搭起了桥，然后慢慢地从桥上通过。

找到内存：选择真实的描述。
找到中央处理器：选择虚假的描述。

33名小学生选择了打网球。

8名小学生选择了玩曲棍球。

← →

小学生们在学校里选择的运动项目图

网球	⚪⚪⚪⚪⚪⚪⚪⚪⚪⚪⚪
橄榄球	🏉🏉
足球	⚽⚽⚽⚽⚽⚽
曲棍球	🏑🏑🏑🏑🏑🏑🏑🏑🏑🏑🏑🏑
篮球	🏀🏀🏀🏀🏀

注释：1个图标代表3名小学生

统计学老师说甲虫病毒藏在内存里。你向前跑，一直跑到了一个交叉路口。

你要往哪个方向跑？（选择你确定的方向所对应的描述）

33名小学生选择了打网球。

翻到第18页。

8名小学生选择了玩曲棍球。

前往第37页。

答案错误！把图中显示的平板电脑和笔记本电脑的数量相加，就能得到正确答案。

回到第31页再试一次。🐞

不。你没看懂这个饼状图。再看一遍，注意从图中所占百分比最大的区域开始看。

回到第32页再试一次。➗

你给萨姆打了个视频电话——电话接通了。你意识到这是个内线电话，也就是说，他就在学校里。

你的事已经败露了，萨姆。我们现在唯一需要做的就是安全地让统计学老师从电路城中出来。我们能齐心协力完成这个任务吗？

齐心协力？我可是个天才！我不需要和任何人合作。我会把最新的数学测试结果发给你，让你看看我究竟有多厉害！

学生的数学测试成绩图

学生姓名：萨姆、贝斯、本、杰克、佐伊

测试得分：0 5 10 15 20 25 30

A

不，频率统计表是一种至少由3列构成的表格——包括条目、频次和频率。

回到第29页。

你钦佩地点了点头。萨姆的成绩比第二名高出了多少分？

✖ 30。
翻到第28页。

➕ 27。
前往第26页。

➗ 3。
快速翻到第32页。

没错！有3/4也就是75%的孩子曾经被黄蜂蜇过。

黄蜂突然变得异常疯狂，究竟发生了什么？

这时，萨姆洪亮的声音响起。

哈哈！为了阻止你，我们修改了黄蜂病毒的程序。通过第二次激活，你已经把它的破坏速度提高了一倍！

翻到第21页。　　跳到第42页。　　前往第37页。

正确！已经上传了3个病毒。萨姆冷冷地瞪了你一眼。

我们俩都要进入这个系统内。我来激活甲虫病毒，你来激活水蜡虫病毒，谁先完成谁就能激活黄蜂病毒。每个病毒都有自己的激活指令。

进入电路城

你确定要将自己上传至电路城吗？

OK

进入电路城感觉很恐怖，但是只有进去，才有机会阻止病毒的扩散，所以你选择了同意。

当电脑的倒计时显示0的时候，闪出了一道光，你们两个都被吸入了系统中。

前往第24页。

 24

答案错误！检查横轴，然后再仔细算一算。

回到第11页再试一次。

25

很棒的尝试！但是要记住，25%和1/4是一样的，所以你需要算出60的1/4。

再回到第37页再读一遍。

正确！平均数是13
（19+11+9=39，39÷3=13）。

你在按键上输入13，水蜡虫病毒都被清除了。干掉了1种病毒，还剩2种！突然，一个巨大的声音开始在整个系统中回响。

我就知道！你根本不是什么明星学生！没有人能从我这里夺走这个头衔！如果这些文件认为你是病毒，你该怎么办呢？哈哈哈哈！

是萨姆！他盯上你了！

周围所有的文件都开始向你移动。你注意到一个指令面板正在它们移动的路径上铺设通道。

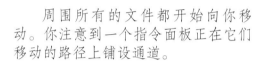

向后移动通道：
算出1号区域的水蜡虫比3号区域多了多少只，然后按下相应的数字。

向前移动通道：
算出2号区域的水蜡虫比3号区域多了多少只，然后按下相应的数字。

将在电路城里释放的水蜡虫病毒统计表

区域	统计	频率
1号区域	IIII IIII IIII IIII	19
2号区域	IIII IIII I	11
3号区域	IIII IIII	

10	28	2

你应该输入的
数字是多少？

10。

28。

2。

翻到第28页。　　　　前往第30页。　　　　跳到第42页。

正确！有33名小学生选择了打网球——每个图标代表3名小学生。你顺着箭头所指的方向朝内存走去。

甲虫病毒正朝你逼近，它会吃掉沿途的所有东西。你注意到一扇门，或许你可以从那里逃生。但是你需要按下正确的按钮才能打开那扇门。

输入参加所有课后俱乐部的学生数。

参加课后俱乐部的学生数

国际象棋
音乐/合唱
舞蹈
烹饪
美术

注释：1个图标代表2名学生

69　33　66

你应该按哪个按钮才能打开房门躲避甲虫病毒？要尽快哟！

　69。
翻到第23页。

　33。
前往第41页。

　66。
找到第6页。

不，你一定是错过了某个区域才会得出30只这个结果。

回到第25页再试一次。

再试试看！5天后，2号区域只有1个LED灯会点亮。

再看看第39页。

不，远不止这些。仔细查看线形图，然后再试一次。

回到第7页。

干得漂亮！最受欢迎的数学科目是测量，有12名学生选择了它。

你拿出一张显示本周校内计算机使用情况的统计表。无论是谁策划了这次攻击，他肯定花了些时间来"写"病毒。

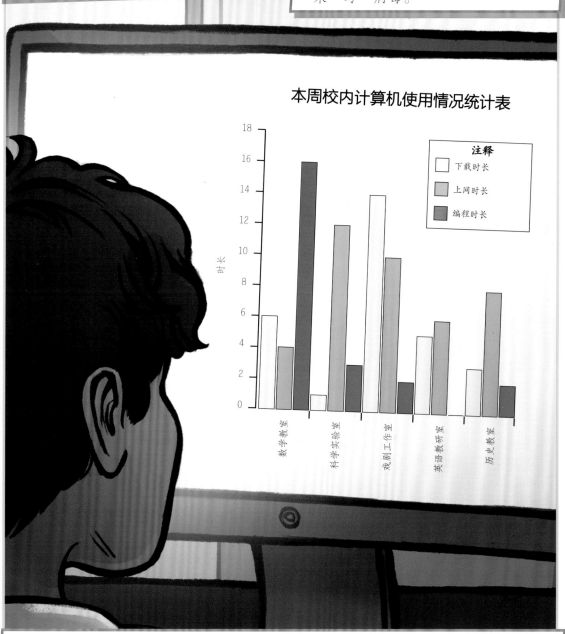

本周校内计算机使用情况统计表

注释
- □ 下载时长
- ▨ 上网时长
- ▓ 编程时长

哪里的计算机用于编程的时间最长？

 戏剧工作室。
翻到第33页。

 数学教室。
快速翻到第29页。

 科学实验室。
前往第8页。

没错！
将会有12次测试。可你好像并不期待这些测试！

统计学老师留下一份桥梁搭建所需电线数量表，然后就消失了。

搭建桥梁需要的电线数量表

区域路径	需要的电线数量
1号区域到2号区域	
1号区域到3号区域	卌 卌
3号区域到2号区域	卌
	卌

你仔细研究了起来，可留给你的时间不多了！

你目前在1号区域，用最少的电线到达2号区域的路径是哪条？

← 从1号区域去2号区域。

前往第38页。

→ 先从1号区域去3号区域，然后再从3号区域去2号区域。

翻到第12页。

不，你应该是把其中的某个数与别的数相乘，而不是把它们加起来。

回到第25页再试一次。

天呐！不，柱状图显示了不同长度的竖条（长条），每个竖条（长条）代表一个不同的数量。

回到第10页再想一想。

正确！这里总共有84个计数标记。

你旋转着穿过传送通道，回到了数学教室，也就是故事开始的地方。

首先，你告诉校长格拉夫先生这次网络攻击事件，只要统计学老师还在电路城里面，校内网络就始终处于危险之中。

 格拉夫先生用电话呼叫了支援，同时你用校长的电脑定位到萨姆在第13页。

 很棒的尝试！但是14是病毒的总数。记得看注释哟。

回到第36页再试一次。

4 不！4不是正确的答案。

回到第15页再次观察图中每一组数据。

是的！瓢虫是图中显示最常见的甲虫病毒。

你在附近发现了一个文件，上面写着"通往3号区域的捷径"。你试图打开这个文件。

通往3号区域的捷径

大错特错！那个文件用电线缠住了你，你动弹不得。

忽然，统计学老师出现了。

哈！看来你遇到木马病毒了——水蜡虫病毒和甲虫病毒都不见了，但是黄蜂病毒要开始它的工作了！

说完，她又消失了。

你知道，每个病毒都有一个对应的**反病毒程序**，于是，你申请查看木马病毒的相关信息。

清除木马病毒
大声说出孩子们喜欢喝的饮料，从最喜欢的说到最不喜欢的。

激活木马病毒
大声说出孩子们喜欢喝的饮料，从最不喜欢的说到最喜欢的。

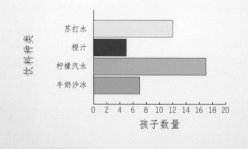

饮料种类

苏打水
橙汁
柠檬汽水
牛奶沙冰

0 2 4 6 8 10 12 14 16 18 20
孩子数量

请仔细观察柱状图，并且选出正确答案。

A
橙汁，牛奶沙冰，苏打水，柠檬汽水。

前往第5页。

B
柠檬汽水，苏打水，牛奶沙冰，橙汁。

翻到第43页。

C
苏打水，牛奶沙冰，柠檬汽水，橙汁。

快速翻到第26页。

16

正确！饼状图显示，有一半的孩子选择了戏剧。32的一半是16。统计学老师让你看她的电脑屏幕。

只有一个学生选择了统计学！复仇的时刻到了！只要我摧毁了电路城，戏剧课的演出就得取消，我就可以用一场数学竞赛来取代它了。

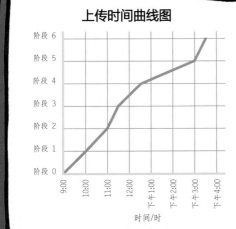

上传时间曲线图

	阶段0：准备时间
	阶段1：编辑病毒程序
	阶段2：上传第1个病毒
	阶段3：上传第2个病毒
	阶段4：上传第3个病毒
	阶段5：确认所有病毒成功上传
	阶段6：**激活**病毒

时间/时

你决定假装配合她，以便获取更多的信息。统计学老师的脸上露出了热情的笑容，并且把她的病毒上传时间曲线图展示给你看。

什么时候所有病毒能够完成上传？

 11:00。
跳到第9页。

 下午3:00。
前往第36页。

 11:30。
快速翻到第30页。

错！记住，每个图标代表2名学生。

在你被吃掉前，赶快回到第18页再试一次。

 已经很接近了。11是优先选择使用手机的孩子数。你需要找出它和优先选择使用笔记本电脑的孩子数之间的数量差。

回到第9页再试一次。**15**

你"砰"的一声落在了地上。这里就像一座巨大的迷宫，你的周围有巨大的电路板、内存芯片和电线，到处都是文件、程序和代码——这也就是这里被叫作电路城的原因。

当你的眼睛能再看清时，你发现统计学老师已经不见了。你沿着电路板上的一条小路径直走着，忽然眼前冒出了一只水蜡虫——第一个病毒出现了！

你好啊，水蜡虫。我是来激活你的。先让我看看你的自毁程序。

水蜡虫的屏幕上出现了一个表格。上面显示了电路城的每个区域和该区域即将释放的水蜡虫的数量。

水蜡虫将会被释放到的电路城区域统计表

区域	统计数	频率
1号区域	ＩＩＩＩ ＩＩＩＩ ＩＩＩＩ ＩＩＩＩ	19
2号区域	ＩＩＩＩ ＩＩＩＩ Ｉ	11
3号区域	ＩＩＩＩ ＩＩＩＩ	

总共会释放出多少只水蜡虫病毒？

39只。

前往第38页。

30只。

快速翻到第18页。

270只。

回到第20页。

了不起！你正确阅读了**柱状图**。有35台平板电脑和25台笔记本电脑——总数是60台。

你打开教室门，找到了控制计算机。你晃动鼠标，屏幕上出现了输入密码的要求。

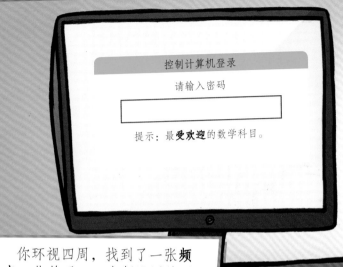

控制计算机登录

请输入密码

提示：最**受欢迎**的数学科目。

你环视四周，找到了一张**频率表**。你笑了——老师设置的登录密码也太简单了！

数学科目	统计	被选频率
几何	ⅢⅢ ⅢⅢ	9
数字	Ⅲ	3
计算	ⅢⅢ	5
统计	Ⅰ	1
测量	ⅢⅢ ⅢⅢ Ⅱ	12

登录密码是什么？

测量。

前往第19页。

几何。

翻到第37页。

再试一次！或许你很喜欢喝苏打水，但苏打水并不是被统计的孩子们最喜欢喝的饮料。

回到第22页，再仔细看看柱状图。

错误！27是杰克的得分——他的成绩是第二名。

利用这条信息，回到第13页再试一次。

你是正确的！有20个文件将会在10分钟内被摧毁。这也就意味着，39只水蜡虫病毒可以在短短10分钟之内摧毁780个文件！

你让水蜡虫告诉你应该如何激活病毒。

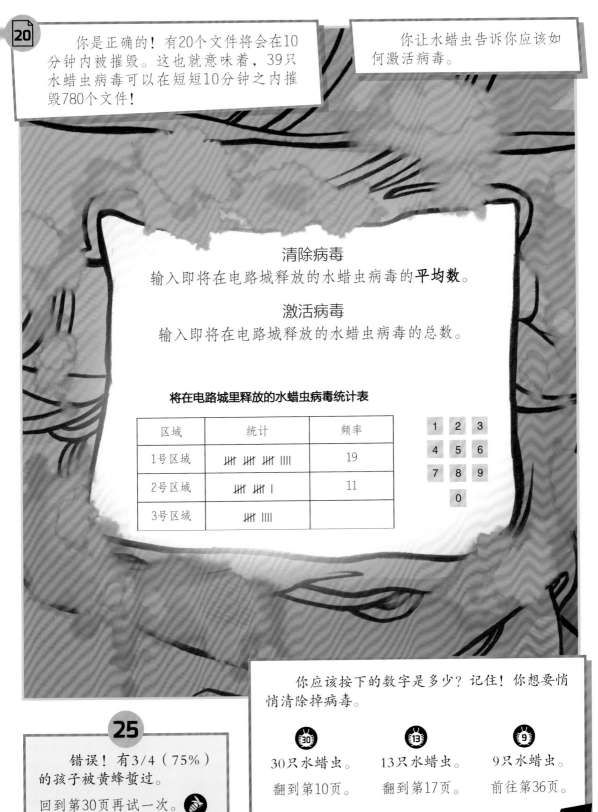

清除病毒

输入即将在电路城释放的水蜡虫病毒的**平均数**。

激活病毒

输入即将在电路城释放的水蜡虫病毒的总数。

将在电路城里释放的水蜡虫病毒统计表

区域	统计	频率
1号区域	‖‖ ‖‖ ‖‖ ‖‖	19
2号区域	‖‖ ‖‖	11
3号区域	‖‖ ‖‖	

1	2	3
4	5	6
7	8	9
	0	

25

错误！有3/4（75%）的孩子被黄蜂蜇过。

回到第30页再试一次。

你应该按下的数字是多少？记住！你想要悄悄清除掉病毒。

30　30只水蜡虫。翻到第10页。

13　13只水蜡虫。翻到第17页。

9　9只水蜡虫。前往第36页。

正确！1号区域里的水蜡虫病毒比3号区域要多10只，也就是19和9之间的差。通道被移开了，那些文件也离你远去，是时候离开这里了！

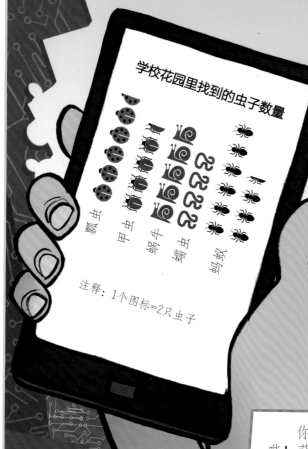

学校花园里找到的虫子数量

飘虫　甲虫　蜗牛　蠕虫　蚂蚁

注释：1个图标＝2只虫子

恭喜你幸运逃脱了。但是现在，我让短时存储失效了。你要不要回答一个问题来重启短时存储？

你别无选择，只能回答他的问题。哔！哔！萨姆给你发来了一个**统计图**。

他的问题是：图中哪种虫子是最不**常见**的？

 甲虫。
翻到第33页。

 蠕虫。
快速翻到第11页。

 哎呀！有50%——也就是半数的孩子选择了戏剧，说明戏剧是最受孩子们欢迎的课程。

回到第41页重新看一遍统计图，找出最不受孩子们欢迎的课程。 B

 不，30是萨姆的分数。
回到第13页再仔细想一想。

干得漂亮！数学教室里的计算机用于编程十几个小时，我们要找的主机一定就是它！

你跑向数学教室，发现里面的灯关着，但是门却半开着，于是你推门进去。忽然，你在暗处发现了统计学女老师的身影，原来屋子里并不是只有你一个人。

我知道你释放了病毒来攻击电路城，你为什么要这样做？

孩子们最喜欢的课程

32个孩子的统计样本

■ 统计学/数学
□ 体育
■ 历史
■ 语文
■ 戏剧

嗯，你一直都是一个好学生。如果你能回答出3个很难的问题，我就允许你加入我的计划当中。

问题1：这是一张什么类型的图表？

你的答案是？

A 频率统计表。

翻到第13页。

B **饼状图。**

跳到第41页。

黄蜂在你身边疯狂打转，你应该大声说什么？

25 25%的孩子被黄蜂蜇过。

快速翻到第27页。

75 75%的孩子被黄蜂蜇过。

前往第14页。

28 不完全是这样——你已经找到了1号区域和3号区域里的水蜡虫病毒总数（19+9=28）。你需要算出它们的差。

回到第17页再试一次。**13**

 不，11:30是第2个病毒开始上传的时刻。

回到第23页再仔细看一看。**16**

你决定从位于信息教室的控制计算机开始查起，直到找到主机，但是这里的门锁着。你注意到密码锁旁边贴着一张线索提示条。

密码=平板电脑的数量+笔记本电脑的数量

你应该输入的密码数字是多少？

 55。

翻到第12页。

 60。

前往第26页。

45。

跳到第42页。

再试一次。尽管30%的占比已经很高了，但是叶甲并不是图中最常见的甲虫类型。

回到第8页再想一想。

不对。再仔细检查一遍纵轴上的数字。

回到第40页再试一次。

正确！萨姆的得分比第二名杰克高了3分（30-27=3）。

你听到了一声胜利的喊声……声音似乎是从橱柜里传出来的。你打开橱柜的门，发现萨姆触碰了他的屏幕，然后被吸进了他的平板电脑。你需要把统计学老师和萨姆都从电路城系统中弄出来。

格拉夫先生，我可以尝试关闭所有区域的照明来诱捕他们。然后用编程代码编写一个传送门把他们送回来。你觉得怎么样？

校长点了点头。你按下了关闭照明区域的按钮，一个说明列表出现在了你的眼前。

关闭照明区域面积图

想要关闭所有照明区域，需要按照区域面积的大小，从大到小依次关闭。

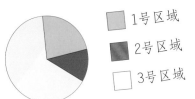

- 1号区域
- 2号区域
- 3号区域

你应该选择哪种顺序依次关闭？

▲

1号区域→3号区域→2号区域。

翻到第12页。

◆

3号区域→1号区域→2号区域。

前往第40页。

太棒了！线形图上的**数据**表示的是**纵轴**上的变量随**横轴**上的变量变化得出的结果。

萨姆让传送门停了下来，同时大笑起来，因为他在传送门上设置了一个超级绝密的密码，他认为你永远都不可能猜到。

‖‖ ‖‖ ‖‖ ‖‖

‖‖ ‖‖ ‖‖ ‖‖

‖‖ ‖‖ ‖‖ ‖‖

‖‖ ‖‖ ‖‖ ‖‖

‖‖

传送门出口

输入**计数标记**的总数

你需要清点出图中所有计数标记的个数，并且在输入框内输入总数数字，这样才能走进传送门。

你应该输入哪个数字？

84 84。翻到第21页。

16 16。前往第8页。

68 68。跳到第43页。

这个答案不对。戏剧工作室内的计算机下载数据的时间最长，但是那里的计算机用于编程的时间很短。

回到第19页再想一想。📏

🐞

不！数量最少的虫子并不一定是最不常见的。

回到第28页再试一次。🔟

45

很接近了！但是，45是被黄蜂蜇过的孩子的数量，我们需要算出的是有多少个孩子没有被黄蜂蜇过。

回到第37页。❺

正确！你打开了D文件，把传送门设置在了统计学老师和萨姆的旁边，他们进入了传送门。

唰！

统计学老师和萨姆从数学教室的电脑里飞了出来，与此同时，计算机损毁应对小组冲进了教室。

他们很快被戴上手铐带去讯问了，完全没有逃跑的机会。

太棒了！所有病毒的上传将在下午3点完成。

留给你拯救电路城的时间只剩2个小时了！

这时，统计学老师接了一个视频电话，一个叫萨姆的学生出现在了屏幕上，他问你为什么会出现在这里。

她告诉萨姆，你是和他们一伙的。实际上，萨姆的胳膊受伤以后，你可以帮助他们激活那些病毒。

上传的病毒数量

水蜡虫
甲虫
黄蜂
木马
蠕虫

注释
1个图标=1个病毒
■ 已上传病毒　　■ 未上传病毒

萨姆用怀疑的眼光盯着你，并向你发出了挑战：让你根据图表算出已经上传的病毒有多少个。

已经上传的病毒有多少个？

 14。
前往第21页。

11。
前往第43页。

 3。
跳到第16页。

错误！想要算出平均数，需要先把所有病毒的数量相加求和，然后再除以区域的数量。

回到第27页再试一次。

再试一次！饼状图显示的是各项数据在一个圆形的整体当中所占的比例。

回到第10页再试一次。

5

正确！你需要输入的数字是3+1+1=5。
黄蜂稳稳地落在了地面上，并让你从它的背上爬了下来。

谢谢你！病毒程序刚才控制了我的大脑。天呐！我都干了些什么啊！电线都被我弄坏了。

或许你可以重新编程，把这些断开的电线重新连接起来。

扼制迄今为止的局面，重置黄蜂病毒的程序，将数量调整为没有被蜇过的孩子的数量。

有60个孩子被问及是否被黄蜂蜇过的统计图

☐ 被蜇过
■ 没被蜇过

你向"问号"咨询自己的想法是否可行，它告诉了你一个办法。

在60个被问及是否被黄蜂蜇过的孩子中，回答没有被蜇过的有多少人？

25 25。

15 15。
前往第9页。

45 45。
跳到第33页。

不对！记住，最受欢迎的科目就意味着有最多的学生选择它，或者它有着最高的被选概率。

回到第26页。

✓

哎呀！你忽视了注释——每个图标代表3名小学生！

在你抵达中央处理器那里之前，快回到第12页再想一想。➡

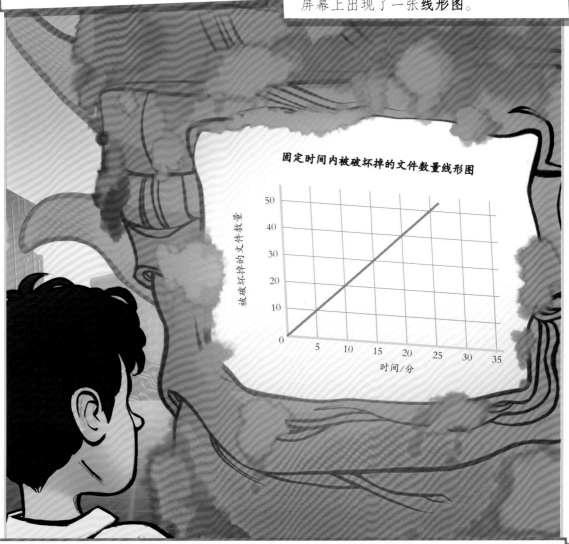

没错！将会有39只水蜡虫病毒被释放到电路城的各个角落。

接下来，你让水蜡虫告诉你每个病毒能破坏掉多少个文件。水蜡虫的屏幕上出现了一张**线形图**。

固定时间内被破坏掉的文件数量线形图

被破坏掉的文件数量 （纵轴）

时间/分 （横轴）

10分钟之内，有多少个文件将要被病毒破坏掉？

 10个文件。

前往第9页。

 20个文件。

翻到第27页。

不！另外还有一条更适宜的路径。

回到第20页再试一次。

哦，天呐！你需要仔细观察柱状图。

回到第40页再试一次。

不！你数得不对。

回到第42页再试一次。

没错！11-5=6。

萨姆懊恼地尖叫了起来。突然，统计学老师出现了，并且开始朝着萨姆咆哮！

萨姆！你可能阻止了我们当中的叛徒离开电路城，但是你现在也阻止了我离开！

5天后，在有3个LED灯点亮的区域内可以找到应急传送门。

图表纵轴：LED灯数量（1-5）
图表横轴：天数（1-5）
1号区域　2号区域　3号区域

萨姆赶紧道歉，并说他已经按照给你的图示上的提示在相应区域打开了应急传送门。

5天后，你应该去哪个区域？

 1号区域。

前往第5页。

2号区域。

翻到第18页。

 3号区域。

快速翻到第10页。

1

哎呀！戏剧是最受孩子们欢迎的课程，有一半的孩子选择了它。

回到第5页。➗

不对！从饼状图上可以看出，有4种甲虫类型。最常见的甲虫类型应该是在饼状图上占比面积最大的那种。

回到第8页再试一次。

正确！3号区域是面积最大的。

所有区域的照明都被关闭了，统计学老师和萨姆都陷入了黑暗之中。萨姆突然大声呼救，你问他怎么了。

我之前释放了蠕虫病毒，但是它们**失灵**了，并且开始攻击我们。你快看看写在我笔记本上的杀毒代码，求求你了！

格拉夫先生从橱柜里拿出萨姆的笔记本，找到了写着杀毒代码的那一页。

蠕虫病毒杀毒代码

统计学老师所教的六年级数学班里的学生数量。

每年级数学班里的学生人数

学生人数

五年级　六年级　七年级　八年级

你要告诉萨姆的数字是哪一个？

30。

前往第31页。

31。

跳到第38页。

32。

翻到第42页。

B 做得很好！饼状图是一个被分割成许多部分的圆，每个部分都代表一个类别占整体的比例。

太棒了！你上课的时候一定认真听讲了！第2个问题：下面饼状图中的哪门课程是最不受欢迎的？

孩子们最喜欢的课程
32个孩子的统计样本

- 统计学/数学
- 体育
- 历史
- 语文
- 戏剧

仔细研究图表，然后给出你的答案。

统计学/数学。
翻到第5页。

戏剧。
前往第28页。

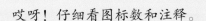 哎呀！仔细看图标数和注释。

甲虫病毒们正在迅速靠近你，赶快回到第18页。

干得漂亮！你把杀毒代码告诉了萨姆，当他编写出杀毒程序后，蠕虫病毒被冻结了。

现在你需要把萨姆和统计学老师引导到传送门那里。下面哪个文件对应一个完整的传送门？

传送门文件	
文件	计数
A	卌 卌 卌 卌 IIII
B	卌 卌 卌 卌 卌 卌 IIII
C	卌 卌 卌 卌 I
D	卌 卌 卌 卌 卌
E	卌 卌 卌 卌 卌 卌 III

提示：1个传送门=25个计数标记

你应该选哪个文件？　△　A文件。　　前往第38页。

◉　D文件。　　跳到第34页。

■　B文件。　　翻到第5页。

哎呀！这并不是正确答案。
回到第31页再试一次。

不！2是2号区域和3号区域的水蜡虫病毒数量的差！选错移动通道方向导致更多的文件向你涌来。
回到第17页再试一次。

不，你可能只看了第1天的数据。
赶快回到第15页再想一想。

正确！喜欢喝柠檬汽水的孩子最多，喜欢喝橙汁的孩子最少。那个文件把你放开，然后消失了。

你沿着电路板来到了3号区域，在那里你发现了被破坏的电线。

你很快就找到了原因——黄蜂病毒被激活了，它们正在破坏电线、断开连接。

你需要找到操控面板的键盘。你捡起一些断了的电线往黄蜂的身上扔去，这激怒了黄蜂，它把毒刺对准你，朝你扑了过来……

 快翻到第30页避开黄蜂的攻击。

不对！11是还没有上传的蓝色病毒的数量。回到第36页，根据注释的提示再想一想。

输入密码错误！请记住，每一组完整的计数标记的个数是5。回到第33页再算一算。

43

数学名词解说

激活

使某种事物活跃起来，开始工作。

反病毒程序

反病毒程序能够阻止或逆转病毒，以防止其危害计算机操作系统或网络系统。

柱状图

用柱状来表示数据的图形。每个柱形代表不同的数量。

常见

在数学当中，图形或图表里最高的数量就意味着它所代表的项目是常见的。数量最少的就意味着它所代表的项目是不常见的。

数据

　　进行各种统计、计算、科学研究或技术设计等所依据的数值。例如，一组结果、得分或数字信息。

摧毁

　　将某种事物破坏到无法再使用的状态。

频率表

　　显示选项以及每个选项发生或被选中的频率的图表。

注释

　　在数学当中，图形和图表都会有注释，用来解释图形或图表中所用到的图标的含义。

线形图

　　用各数据点及其间的连线描述数据的统计图。常用来展示两个变量之间随时间变化的关系。两个变量分别被设置在横轴和纵轴上。

平均数

　　平均数指的是平均值，两个或两个以上的数相加的和除以相加的数的个数所得的商。

失灵

　　机器、仪器等变得不灵敏或失去应有的功能。

乘方

　　将一个数不断与自身相同的数相乘的运算。

饼状图

一个被分成若干部分的圆，其中每个部分表示各项的大小占各项总和的比例。

受欢迎

如果某件事很受欢迎，就意味着这件事经常发生。在数学当中，图表中最受欢迎的条目就是标注为最喜欢或最成功的那一条。

计数标记

用来记录得分或计算金额的标记。每组的第5个标记穿过前面的4个标记，所以每组代表5个标记。

网络

计算机网络是指将多台与散在各处的计算机连接起来的一种信息传输和接收系统。

变量

在研究某个问题的过程中，可以取得不同数值的量。

统计图

用于描述和分析数据分布、动态或变量间相互关系的各种图形的统称。其具有直观、简洁的特点。

计算机病毒

　　人为的用来破坏计算机软件或计算机网络中正常程序的程序。

横轴

　　图表中一条从左向右的水平的线，上面标有数字。

纵轴

　　图表中一条自上而下的垂直的线，上面标有数字。

阅读提示

"数学大冒险"系列丛书旨在通过引人入胜的冒险故事，鼓励孩子们发挥聪明才智，运用所掌握的数学知识付诸实践，以提升数学技能。这些故事就像一个个闯关游戏，孩子们在阅读的过程中只有解决一个又一个的数学问题，才能最终取得令人兴奋的成功。

本套丛书没有遵循传统的阅读模式。读者需要根据选择的答案给出的提示前进或者跳回到指定的页码继续冒险。如果选择的答案是正确的，那么故事就会向下发展；如果选择的答案是错误的，那么就需要读者回到之前的那一页重新再试一次。

书后的数学名词解说可以帮助读者正确理解书中数学名词的意思。

下面这些方法可以帮助提升孩子的数学应用能力

- 父母和孩子一起读这套书。
- 解决遇到的数学问题，并且了解书中是如何解决这些数学问题的。
- 陪伴孩子一起阅读，直到他有足够的自信可以自主阅读，能按照书中的指引找到说明或者下一道数学谜题。
- 鼓励孩子独立阅读。向孩子提出问题：现在发生了什么？鼓励孩子给你讲解故事是如何发展的，以及孩子解决问题的思路。
- 在日常情景中讨论数学问题，例如：让孩子记录下旅行途中看到的所有汽车的颜色，或者在家附近找到一些物品，比如窗户或者门，等等。
- 玩一些计算游戏。例如：给孩子们6个数字，这些数字可以是孩子们的年龄、购物清单上的条目或者游戏得分，然后让他们计算这些数字的平均数。用到的方法就是先把这些数字加起来，然后除以除数（这里的除数是6）。
- 制作一些日常用品或玩具的使用频率图。
- 最重要的是，让孩子感觉数学变得有趣起来！

数学大冒险

逃离无穷旅馆

〔英〕卡佳坦·波斯基特　著

〔印〕阿米特·泰雅

〔印〕萨钦·纳加尔　绘

肖　潇　译

河南科学技术出版社

·郑州·

版权所有，翻印必究

著作权备案号：豫著许可备字-2023-A-0081

图书在版编目（CIP）数据

数学大冒险. 逃离无穷旅馆／（英）卡佳坦·波斯基特著；（印）阿米特·泰雅，
（印）萨钦·纳加尔绘；肖潇译. —郑州：河南科学技术出版社，2023.8

ISBN 978-7-5725-0617-8

Ⅰ.①数… Ⅱ.①卡… ②阿… ③萨… ④肖… Ⅲ.①数学—青少年读物 Ⅳ.①O1-49

中国国家版本馆CIP数据核字（2023）第061057号

出版发行：河南科学技术出版社

　　　　　地址：郑州市郑东新区祥盛街27号　　邮编：450016

　　　　　电话：（0371）65788890　　65788858

　　　　　网址：www.hnstp.cn

策划编辑：孙　珺

责任编辑：孙　珺

责任校对：耿宝文

封面设计：张　伟

责任印制：朱　飞

印　　刷：北京盛通印刷股份有限公司

经　　销：全国新华书店

开　　本：720 mm×1 020 mm　1/16　　总印张：12　　总字数：520千字

版　　次：2023年8月第1版　　2023年8月第1次印刷

定　　价：100.00元（全4册）

如发现印、装质量问题，影响阅读，请与出版社联系并调换。

如何开始你的冒险

你准备好去迎接一个充满数学谜题和烧脑挑战的任务了吗？

那么这本书刚好适合你！

与你平常看过的那些书不同，《逃离无穷旅馆》这本书并不是要按照页码的顺序一页一页读下去。这是一本专属于你的书！你就是这本书的主角！你需要在书中找到属于自己的冒险路线，按照提示进入对应页码，追踪线索，直至完成冒险之旅。

故事从第4页开始，它会告诉你接下来你要去哪里。每次面临挑战，你都需要在几个选项当中做出自己的选择，就像下面这样：

A 如果你认为正确答案是A。

请翻到第23页。

B 如果你认为正确答案是B。

请翻到第11页。

选出正确答案，然后翻到指向的页码并且找到对应标识。

万一选错了也别担心，你会得到另一条线索，然后回到之前的那页再试一次。

这个冒险故事中出现的谜题和问题全部来自奇妙的数学世界，所以，出发前请你准备好充足的数学知识。

书中的第44~47页准备了数学名词解说，希望它们可以给你提供一些帮助。

准备好了吗？现在，就让我们翻过这一页，开始我们紧张、刺激的冒险之旅吧！

逃离无穷旅馆

迪卡大学的清晨静悄悄，这里是世界顶级的国家信息安全基地。

警报声骤然响起，电脑屏幕上弹出了一条警报信息。

警报!

函数教授被绑架了!

教授昨天去参加一个绝密会议，随后，我们就收到了这条消息……

旅馆里正在发生一些奇怪的事情。快来帮忙，多加小心!

你的任务是找到教授并且把他带回来。我们只有一张地图，直升机已经准备好带你出发了。

你听到了窗外直升机的声音，准备好了吗？ 翻到第27页，开始你的任务。

干得漂亮！10级危险的台阶级数分别是4、8、12、16、20、24、28、32、36和40。

你安全地走下楼梯，推开门进入盥洗室。

你决定避开主要的走廊，所以，你要另外寻找一条路离开这里。你和教授需要选择一条滑道滑下去。

垃圾处理系统
选择正确：滑入洗衣房　　选择错误：滑入垃圾粉碎机

质数只能被1和它本身整除。

所有的质数都是奇数。

哪项正确的表述能把你们带到洗衣房？

质数只能被1和它本身整除。
跌入第18页。

所有的质数都是奇数。
坠入第27页。

答错啦！有时候奇数和奇数相加也会得到一个偶数。例如：5+7=12。
回到第26页再试一次。⑦

不是6分钟！要记住，每过10分钟会更新一个新的数字。
回到第15页再试一次。

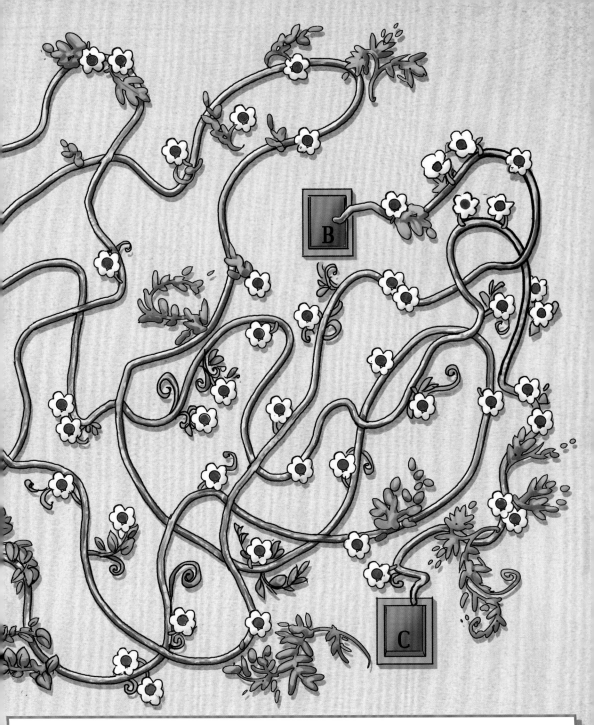

还记得吧？质数只能被1和它本身整除。那么，究竟哪根爬山虎可以放心攀爬呢？

A
爬山虎A。
请翻到第12页。

B
爬山虎B。
请翻到第21页。

C
爬山虎C。
请前进到第31页。

没错！答案就是7！4×6+7=31，或者6×4+7=31。

你走进电梯，发现里面只有2个按钮。

按钮"+5"可以带你上升5层楼。按钮"-2"可以带你下降2层楼。

无穷旅馆

+5

-2

线索：假定现在你在第0层，如果你想去第1层，就需要按3次按钮（+5-2-2=1）。

哦，这一定就是旅馆前台接待员提到的谜题之一了。

想要从第0层去第7层，你需要按几次按钮？

⑤ 5次。
翻到第16页。

④ 4次。
快速前往第37页。

⑦ 7次。
看看第26页。

错啦！教授的曾祖父有9个孙子，但是你需要把其他人也都加上。
回到第19页。 **⑩**

不对！这个符号约等于3.1416。它是一个非常重要的常数，你用任何圆的周长除以它的直径，得到的结果都是π。
回到第31页再试一次。 **C**

干得漂亮！橙色的路径最短，只有15（3+4+3+5=15）米。

当你坐到电脑前，发现有人已经启动了损毁教授大脑的头盔。

想要救教授，你需要关闭电脑操作系统，但该怎么做呢？下面这些谜题也许会带给你灵感。其中一个谜题或许需要电脑永远计算下去……

你应该把哪一组算式输入电脑？

-2 从100开始，每次减2，不断重复，直到答案为0。

翻到第16页。

÷2 从100开始，每次除以2，重复计算，直到答案为0。

翻到第23页。

133

不！133号篮子是放脏衣服的篮子。你可以试着把任何一个数的各位数相加。例如1+3+3=7。如果得到的和能被3整除，那么这个数本身也能被3整除。但是7不能被3整除，所以133也不能被3整除。

回到第18页再试一次。

7

不！7是一个能组成**六边形**的数字。如果你有7个球，就能用它们摆出一个正六边形。

回到第28页。

60

A

A房间是738号房间！记住，你试着算出的最小房间号是734。

快回到第29页！那里才是安全的！

740

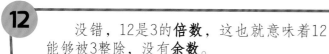

没错，12是3的**倍数**，这也就意味着12能够被3整除，没有**余数**。

当你沿着走廊向前走的时候，又遇到了旅馆行李员，他问你在做什么。

呃……我正要去看函数教授做实验，但是我忘记了他的房间**号码**。你能帮我吗？

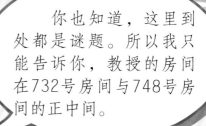

你也知道，这里到处都是谜题。所以我只能告诉你，教授的房间在732号房间与748号房间的正中间。

你微笑着向他表示了感谢。

你应该去哪个房间呢？

738   738号房间。跳到第20页。

741   741号房间。前往第38页。

740   740号房间。赶快翻到第29页。

不对，2号窗口的宽度是2米，而绳子只有大约3个窗口宽度那么宽，所以绳子的长度只有6米多一点，这根绳子并不是最长的。

回到第37页再试一次。**87**

不对，32÷4=8，而8并不是质数。回到第30页，扩大你的搜索范围。

∞ 是的。这个符号表示无穷。

当你试着把这本书从书架上拿下来时，却听见了轻轻的"咔嗒"声。

咔嗒┄┄┄┄

书架升了起来，一个巨大的机房出现在了你的面前。

一个穿着紫色西装的男人朝你走过来，身后还跟着那位接待员。通过耳机录音提醒，你认出了他。

欢迎来到**无穷**计划控制中心。我来做一个自我介绍……我的名字是一个**整数**，我与100相**加**，得出的结果要比我与100相乘得到的结果更大。哈哈，你猜出我是谁了吗？

这个男人的名字是什么数字？

100 100。 转到第30页。

1 1。 前往第24页。

1/2 1/2。 翻到第42页。

没错！再过4分钟，电脑系统就会陷入崩溃。

教授正等着你去找他，但是"1"先生已经从大门逃走了，并且"砰"地把正门关上了。

我们需要另一组密码，它应该是这个**数列**中的下一个数字，但是我的脑子已经累得什么都不愿去想了！

应急开关

1, 1, 2, 3, 5, 8, 13, 21, ?

1	2	3
4	5	6
7	8	9
	0	

你能推理出这个数列中21的下一个数字是什么吗？

▲ 30。
请快速翻到第43页。

◉ 34。
请翻到第32页。

■ 42。
请前往第18页。

C

C房间是742号房间，门是锁着的。它的隔壁一定是740号房间。

返回第29页。 **740**

有6种方式可以让你只用1便士和2便士的硬币组合出10便士。如果再用到5便士的话，可以组合的方式就更多了。

返回第42页。 **9**

A

这根爬山虎上面开了17朵花，17是一个质数。

返回第7页。

是的！60被称作4、5、6的**最小公倍数**。现在，戴上耳机，然后把这个密码输进去。

把来自人类大脑的能量传递给计算机的处理器，就能打开……

……无穷智慧的大门了！现在，我们将要向您展示的是我们正在进行的试验。

试验？是关于无穷智慧的吗？在第39页找出究竟正在发生什么。

如果你把写着数字"1"的方块放在右上角，就得不到加起来等于7的一列3个数字块了。返回第41页。**B**

这条红色的路径有17米长，并不是距离最短的路径。回到第24页，再试一次。**1**

两位护士离开了房间，消失在走廊的尽头。
四周都静悄悄的，你偷偷溜了进去。
你找到了教授，发现他的头部连着一台电脑。

抽空大脑倒计时

110-108-104-98-90

屏幕上写着"抽空大脑**倒计时**"，还有一串越来越小的倒计时数字序列。每过10分钟就会更新一个数字。

50分钟过去了。一旦倒计时结束，教授的大脑就会被完全抽空，距离倒计时结束还有多久？

60 60分钟。
冲到第28页。

80 80分钟。
偷偷看一眼第37页。

6 6分钟。
前往第5页。

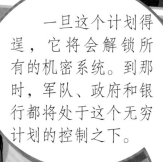

是的！39÷3=13，13是一个质数。前6个质数分别是2、3、5、7、11和13。

教授松了一口气，让你帮他摘掉了用来抽空大脑的头盔，然后，他开始给你讲起在此之前都发生了什么。

你听说过人工智能机器人吗？它们反应很快，但是却无法做出明智的选择。

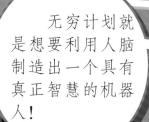

无穷计划就是想要利用人脑制造出一个具有真正智慧的机器人！

一旦这个计划得逞，它将会解锁所有的机密系统。到那时，军队、政府和银行都将处于这个无穷计划的控制之下。

教授告诉你，那群坏人把他带到了一间控制室，并且建议你前去关闭那间罪恶的控制室。

 忽然，你听到走廊传来了脚步声……是时候前往第36页了。

5

哦，不！按5次按钮可以带你到第25层、第18层、第11层或第4层。

回到第8页再试一次。

-2

不！如果电脑从100开始，每次减2，那么重复50次之后，结果就是0了。计算无法延续下去。

回到第9页再想一想。

是的！9+7+5+7+7+3+5+1+1=45。
2+4+8+4+6+6+2=32。
45−32=13。13就是你要拨打的
号码。几分钟后，来了一名特工，
他铐住了"1"先生。

我是这所大学里的安全部
门负责人。抓住"1"先生真是
太好了——虽然他只是个小喽
啰。真正的幕后主谋是一个代
号"12"的人。

旅馆接待员
无穷旅馆

旅馆行李员
无穷旅馆

谁可能是传说中代号"12"的那个人？

📞 旅馆接待员。 前往第34页。

🧳 旅馆行李员。 翻到第27页。

正确！质数只能被1和它本身整除。

嗖……砰！

你和教授在旧羽绒被堆里安全着陆了。

你听到旅馆接待员正在发号施令。她意识到你是来拯救教授的，因此感到很不高兴！

首先搜查装脏衣服的篮子！记住，放脏衣服的篮子上面的数字都不能被3整除！

你们只能选择藏在装有干净衣服的篮子里。但是，究竟哪一个才是呢？

87

87号篮子。

翻到第37页。

49

49号篮子。

跳到第23页。

133

133号篮子。

翻到第9页。

14

不！如果你用14除以3，得到的结果是4又2/3，这是一个**分数**，并不是一个整数。

回到第39页再想一想。

不是42！检查一下数列中每个数字比前一个数字大多少。

回到第12页再试一次。**40**

当你回答"10种方式"时，教授微微一笑，然后向你提出另一个问题。

问题2：我的曾祖父有3个儿子，每个儿子又给他生了3个孙子，每个孙子又给他生了三个重孙，那你算一算，他们加起来总共有多少人？

曾祖父

重孙们

你的答案是？

40人。
翻到第30页。

27人。
快速翻到第42页。

9人。
回到第8页。

对于非常非常小的数字，我们可以将其称为无穷小。

回到第27页。

Σ

这个符号是一个希腊字母，叫作Sigma，它的意思是把所有的数值加在一起，求和。

重新读一遍第31页。 **C**

是的！有24种不同的方式把这4个数字进行排列组合。你可以计算得出：4×3×2×1=24。

我们将逐个测试这些密码**组合**，但是我们需要借助一个规则，以免出现重复操作。

你把这些数字按照从小到大的顺序进行了排列。

正确的密码是什么？

🔒A　　3762。
翻到第41页。

🔒B　　2637。
翻到第38页。

🔒C　　6732。
快速翻到第28页。

教授首先试了2367，然后是2376……试到第3次的时候，锁"咔哒"一声打开了。

738

哦！738号房间与732号房间之间隔了5扇门，但是与748号房间之间隔了9扇门。

回到第10页，再试一次。⑫

不！如果你把图中所有的奇数相加，然后减掉图中所有的偶数之和，是不会得到17的。

再读一遍第33页。❗

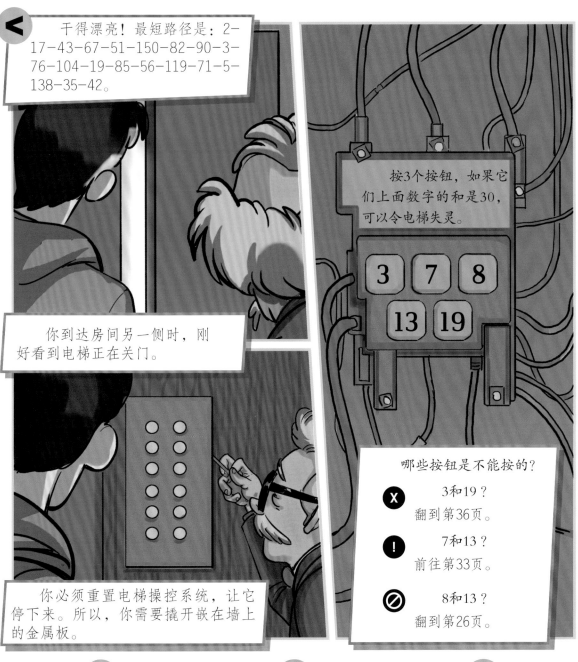

干得漂亮！最短路径是：2-17-43-67-51-150-82-90-3-76-104-19-85-56-119-71-5-138-35-42。

你到达房间另一侧时，刚好看到电梯正在关门。

你必须重置电梯操控系统，让它停下来。所以，你需要撬开嵌在墙上的金属板。

按3个按钮，如果它们上面数字的和是30，可以令电梯失灵。

3 7 8
13 19

哪些按钮是不能按的？

X 3和19？
翻到第36页。

! 7和13？
前往第33页。

⊘ 8和13？
翻到第26页。

✚

不是4！如果这个位置的数字是4，等式计算的结果是46，而不是31。

回到第40页，再试一次。

13

不！看看41除以4的商是多少。

慢慢爬回到第38页。

🔒

B

不！这根爬山虎上面开着23朵花，23是一个质数。

回到第7页。

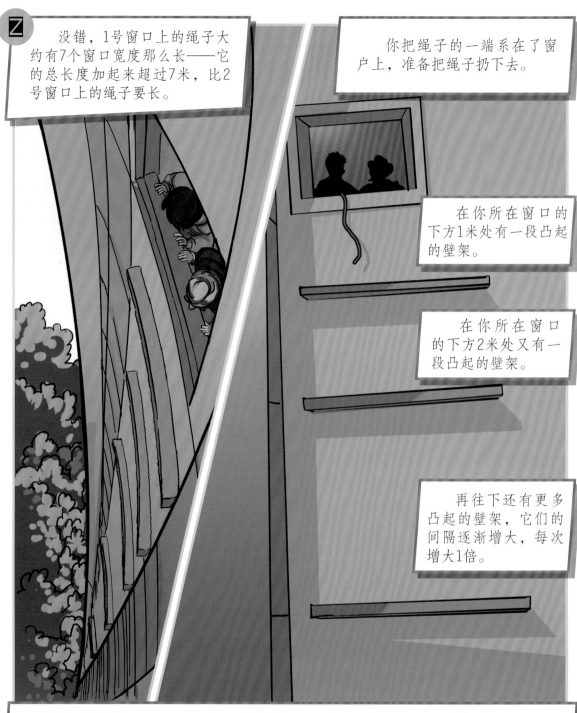

没错，1号窗口上的绳子大约有7个窗口宽度那么长——它的总长度加起来超过7米，比2号窗口上的绳子要长。

你把绳子的一端系在了窗户上，准备把绳子扔下去。

在你所在窗口的下方1米处有一段凸起的壁架。

在你所在窗口的下方2米处又有一段凸起的壁架。

再往下还有更多凸起的壁架，它们的间隔逐渐增大，每次增大1倍。

用这根约7米长的绳子，你最远可以到达哪一段凸起的壁架？

你所在窗口下面第3段凸起的壁架。

回到第6页。

你所在窗口下面第4段凸起的壁架。

翻到第33页。

如果计算机从100开始，连续不断地除以2，那么在计算50次之后，结果将会是0.0000000000000888，这已经是一个非常小的数字了，但是计算机仍然需要继续计算下去……

成功了！电脑系统关闭，房间里一片漆黑，直到警报声响起！

危险！
温度即将超过警戒线！
请保持在65℃以下！

"1"先生跑向出口。教授迅速摘下了头盔，倒在地上。

		危险！
80℃	176℉	
60℃	140℉	65℃ 温度上限
40℃	104℉	
20℃	68℉	
0℃	32℉	
-20℃	-4℉	-17℃ 当前温度
-40℃	-40℉	

温度每分钟升高20℃。想要在危险发生之前离开房间，你还有多少时间？

 4:0

至少4分钟。

去往第12页。

5:0

至少5分钟。

跳到第41页。

6:0

至少6分钟。

翻到第27页。

49

不！49能被7整除，但是不能被3整除，所以这一定是一个装脏衣服的篮子。

回到第18页再试一次。

＝

再试一次！20÷2=10，10不是一个质数。

回到第30页再试一次。

－

不，40不能被6整除。

回到第43页再试一次。

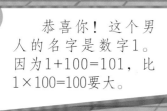

1

恭喜你！这个男人的名字是数字1。因为1+100=101，比1×100=100要大。

"1"先生很生气。他命令接待员离开这里，然后他抓住教授，把一顶用来抽空大脑的头盔戴在了教授的头上！你能救教授的唯一的机会就是让电脑系统崩溃——主机就放在房间对角线的位置。

你到达主机那里最短的路径是哪一条？

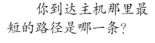

绿色路径。

悄悄潜入第39页。

橙色路径。

翻到第9页。

红色路径。

快速翻到第13页。

3m
3m
2m
5m

6m

3m

4m

3m

3m

3m

5m

5m

5m

主机

6m

7 干得漂亮！按7次按钮就可以到达第7层。
（计算方法：+5-2-2+5-2-2+5=7）

你走出电梯，进入一条长长的走廊。走廊的两端都延伸到了很远很远，电梯的对面有指向两个方向的箭头。

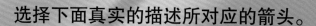

选择下面真实的描述所对应的箭头。

如果你一直把若干个**偶数**相加，永远不可能得出一个**奇数**。

无论你把多少个奇数相加，永远不可能得出一个偶数。

◄————————— | **—————————►**

无 穷 旅 馆

你应该选择哪个方向？

向左。
赶快翻到第43页。

向右。
偷偷潜入第5页。

不对！如果只有3张碎片组合三位数的密码，那么就有6种排列组合方式。通过3×2×1=6就能算出来。
回到第36页再想一想。

不对！如果你按下8和13以外的3个按钮，你得到的数字之和会是29。
回到第21页再试一次。

26

直升机载着你飞过了一片黑暗的森林，降落在森林的边缘。透过树丛，你看到了一座高大的建筑物。

你走近这座建筑物，面前忽然出现了一个男人。

你是来干什么的？

你告诉他：我是一名教授，是来参加绝密会议的，快要迟到了。

无穷旅馆

你就是小数点教授吧？我们一直等着你呢。不过我要先考考你——无穷是什么意思？

你应该怎么回答？

无穷就是永恒持续下去的数字。

翻到第40页。

无穷小就是非常非常小的数字。

悄悄潜入第19页。

不对！记住，2只能被它自己和1整除，所以2是一个质数，也是一个偶数。

回到第5页。

10

天呐！再过6分钟，电脑的温度将会升到103℃，几乎就要爆炸了！

回到第23页再试一次。

行李员的代号是"6"——你可以通过数一数他所戴的徽章上的那个立体模型由多少块积木组成来判断。

回到第17页。

是的！距离倒计时结束只剩下60分钟了！屏幕上依次显示的数字序列是110-108-104-98-90-80-68-54-38-20-0。

所以，再过6个10分钟，倒计时将会结束！你必须在此之前让这个疯狂的试验停下来！

这里有3个按钮上的相应数字，每个数字对应着不同的图形，而每个图形的关键词告诉你相应按钮的用途。

试验控制按钮

■ 对应数字=停止试验

⬡ 对应数字=警报

▲ 对应数字=自动摧毁房间

⑦　⑨　⑩

你需要找到一个**平方数**，哪一个才是呢？时间在不停地流逝，千万不要按错按钮！

哪个按钮对应的数字是一个平方数？

10　　10。
去往第31页。

9　　9。
翻到第42页。

7　　7。
快速翻到第9页。

 不，6732这个数值太大了。
回到第20页再试一次。

 咔嚓！你踩到了带有数字121的那块瓷砖了吗？11×11=121，所以121是一个完全平方数。
回到第32页。

740

正确！你应该去往740号房间。它与732号房间和748号房间之间都隔了7扇门。

哦，不！这里有很多房间的门牌都掉下来了。你的左手边这一侧的房间号都是偶数。

你认为哪一个是740号房间？

A A房间。
前往第9页。

B B房间。
翻到第41页。

C C房间。
快速翻到第12页。

没错！有1个曾祖父，他有3个儿子，又有3×3=9个孙子，还有3×3×3=27个重孙，所以总共是1+3+9+27=40人。

你做得很棒！但是我还有最后一个问题，这是一个很棘手的问题。下面这几道计算题，哪一道题的结果是一个质数？

$20 \div 2$

$39 \div 3$

$32 \div 4$

教授在便签纸上草草写下一些算式，你的回答是？

➗

$39 \div 3$。

去第16页验证一下。

🟰

$20 \div 2$。

翻到第23页。

❓

$32 \div 4$。

翻到第10页。

▦

如果你把写着数字"4"的那块放在右上角，那你就需要把一块写着奇数的数字块放在左上角——这是不对的！

回到第41页再想一想。

100

不！100+100=200，这个结果远远小于100×100=10000。

回到第11页再想一想。

C

这根爬山虎上开着18朵花，2×9=18，18不是质数，这根爬山虎是安全的！

这里一定是无穷计划管辖的图书馆。控制室就在这附近。但是，控制室的入口在哪里呢？

你们顺着爬山虎直到爬进了一扇窗户。

呵呵，我有一个好办法。咱们来找找看，这里有什么与无穷有关……

你看到有3本书的书脊上印着符号。其中哪个符号表示无穷呢？

π π 去往第8页。

∞ ∞ 前往第11页。

Σ Σ 跳到第19页。

16

如果用16除以3，得到的结果是5又1/3。这不是一个整数！

回到第39页再试一次。

10

哦，不！这个按钮会让房间自动摧毁，房间里的所有人和物品也会随之被摧毁！10是一个能组成三角形的数字，如果你有10个球，你可以把它们摆成一个完美的等边三角形。

返回到第28页。**60**

是的！你把数列中相邻的两个数相加，得到的结果就是相加的两个数字的下一个数字。这种数列叫作**斐波那奇数列**。

你输入密码34，门开了，一个铺满地砖的房间出现在你的眼前。

"1"先生远远地站在房间的远端，扳动了一个大开关。

停！上面数字为完全平方数的地砖是带电的，并且，你不可以斜着走。

2 开始	17	43	28	61
33	64	67	107	8
36	150	51	77	100
90	82	9	144	80
3	16	119	71	5
76	4	56	25	138
104	19	85	49	35
47	62	121	11	42

哦，天呐！你最好小心一点儿。你能找到一条路线安全抵达房间对面吗？记住，既不能踩数字是完全平方数的地砖，也不能斜着走。花点儿时间想想吧……

想要走到房间对面，你需要踩到的地砖最少是多少块？

◀ 20块。翻到第21页。

▶ 15块。前往第39页。

▼ 14块。翻到第28页。

正确！你同时按下按钮3、8和19，电梯"嘎吱，嘎吱"地停了下来，就在这时，接待员出现了，她强烈要求你告诉她发生了什么事。

我来自迪卡大学。我想，无穷计划的负责人很有可能是一名犯罪嫌疑人。我需要给安全部门打个电话逮捕他。

她看起来很吃惊，并且把自己的手机借给了你。

你从口袋里掏出了一张卡片——仅限紧急情况下拨打的绝密热线。

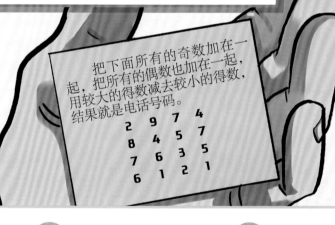

把下面所有的奇数加在一起，把所有的偶数也加在一起，用较大的得数减去较小的得数，结果就是电话号码。

2 9 7 4
8 4 5 7
7 7 6 3 5
6 1 2 1

绝密热线电话号码是多少？

☎ 15。
前往第38页。

📠 13。
前往第17页。

📱 17。
前往第20页。

 哦，不！第4段壁架在窗口下方1+2+4+8=15米处，你的绳子不够长！

回到第22页。 🉑

不！7632是4张碎片上的数字组合起来能够得到的最大四位数，但这并不是问题的答案。这里有4张数字碎片，你可以有4×3×2×1种组合方式。

回到第36页再试一次。 ✳

 不是6！如果这个位置的数字是6，等式计算的结果是34，而不是31。

回到第40页，再试一次。 ✛

是的！接待员就是代号"12"的主
谋——她戴了一枚显示12块积木的徽章。
当特工逮捕她时，她看起来很生气。

干得漂亮！你已经找到了教授，并且
成功终止了无穷计划！

难怪她愿意把手机借给我们。原来她想要得到我们的绝密热线电话号码，入侵我们的联络系统。幸好有你在，我们才解开了那么多谜题。你是一名最优秀的特工，将会被**永恒铭记**！

教授让你看了看窗帘后面的一扇门，这扇门通往工作人员的专用楼梯。门上的挂锁有一个四位**数**的密码。

这次你真是幸运！有人写下了密码对应的四个数字，然后把这张纸条撕成了碎片。

用4张碎片上的数字能够组合出多少种不同的四位数？

① 6种。
翻到第26页。

② 24种。
翻到第20页。

③ 7632种。
快速翻到第33页。

你很快算出了3种可能的密码组合方式——6723、3627和7326，但肯定还有很多其他可能的组合方式。

I 不，30能够被5或者6整除（5×6=30），但是不能被4整除。
回到第43页再试一次。

X 不！如果你按下3和19以外的3个按钮，你得到的结果会是28。
回到第21页。

是的！87=29×3，所以87号篮子一定是一个装干净衣服的篮子。

你们两个都钻进了这个篮子里，盖上了盖子，一直待到搜查结束。

1

2

房间的后面是窗户——这是你们唯一能逃出去的出口——窗户的百叶窗叶片被绳子固定着。

你们可以用最长的那根绳子安全地爬出去，可是哪根绳子最长呢？

宽度是1米的1号窗口上的绳子最长。

翻到第22页。

宽度是2米的2号窗口上的绳子最长。

翻到第10页。

4

不对！按4次按钮可以把你带到第20层、第13层或者第6层。

回到第8页再试一次。

80

不是80分钟！第一个数字是110。你减掉2，数字就变成了108。然后110再减掉4，就变成了104，然后110再减6，再减8——最终你会得到0。你需要减多少次呢？

回到第15页再试一次。

恭喜你！2637正是这把锁的密码。门打开后，你看到墙上有一段警示语。

你看到一条长长的楼梯，一直向下延伸，直到湮没在黑暗之中。

小心！

这里有41级台阶，其中所有级数是4的倍数的台阶都是不安全的。

———————

无 穷 旅 馆

这里总共有多少级危险的台阶？

10 　 10级。
翻到第5页。

13 　 13级。
去往第21页。

9 　 9级。
跳到第43页。

741

再想想！741号房间和748号房间之间隔着6扇门，和732号房间之间隔着8扇门。

回到第10页再仔细看看。**12**

哦，天呐！你一定是算错了！

回到第33页再试一次。**!**

你在屏幕上看到了教授，发现他的头上戴着一个插了电的头盔！

肯定有什么奇怪的事情正在发生，你需要找到他——越快越好！

你试着打开门，但是门已经自动锁上了，门上的显示屏弹出了一个问题。

下面哪个数字能够被3整除？

12　14　16

你应该输入哪个数字？

12 12。
翻到第10页。

14 14。
翻到第18页。

16 16。
翻到第31页。

天哪！你踩到写着144的那块地砖了吗？12×12=144，那是一个完全平方数！

回到第32页。

绿色的路径有16米长，并不是你通往主机的最短路径。

回到第24页再试一次。**①**

做得好！无穷就是永恒持续下去的数字。旅馆行李员示意让你进去，在真正的小数点教授抵达前，你最好动作利索一点儿。

旅馆前台接待员态度冷淡地跟你打了个招呼，并且跟你说你需要先看一段录像。

只有头脑最聪明的人才能入住旅馆，所以我们在旅馆里设置了许多谜题来对你进行测试。第一题，你需要计算出来你将要在哪一层看录像。

她递给你一张纸。

用7、4、6三个**数字**填入下面的运**算**，使等式成立。**无穷**计划录像所在的楼层数就是等号前的那个数字。

$$\times + = 31$$

无穷旅馆

等号前面的数字是哪一个？

❌　　7。
翻到第8页。

➕　　4。
看看第21页。

＝　　6。
快速翻到第33页。

是的。这里是740号房间。房间号是偶**数列**的有：734、736、738、740、742。

你听到了有人走出房间的声音。

你需要尽快躲起来！在你的对面，有一个还没装好的屏幕。这些数字块需要按照正确的顺序摆放起来。

写着数字"2"的方块位于屏幕的左下角。写着奇数的方块不可以直接放在另一个写着奇数的方块上面。每一行的两个数字加起来都等于7，其中一列的3个数字加起来也等于7。

无 穷 旅 馆

应该把哪一块数字块放在屏幕的右上角？

 数字块4。
跳到第30页。

 数字块1。
前往第13页。

 数字块3。
去往第14页。

 不，你选出的这个密码数值太大了！
回到第20页。

 不！5分钟后，温度将达到83℃。电脑将会变热并冒烟！
赶快回到第23页。

咻！倒计时停止！如果你把任何数和它自己相**乘**，都会得到一个完全平方数。举个例子：3×3=9，那么9就是一个平方数。所以，如果你用平方数那么多的同一个物品，就可以摆出一个正方形。

嗨，教授！你还好吗？我来自迪卡大学，我是来解救你的。

你帮教授把手臂松开，他伸手去拽电极。

你可能在骗我！按照学校里的规矩，你得先回答出我的问题。

问题1：如果你有足够多1便士、2便士和5便士的硬币，那有多少种方式能够**组合**出10便士？

用1便士、2便士和5便士的硬币，有多少种方式能够组合出10便士？

6 6种。前往第12页。

10 10种。快速翻到第19页。

不，教授的曾祖父有27个重孙。但是还有其他人呢！回到第19页再想一想。**10**

再试一次！1/2并不是一个整数。在他警告你之前，回到第11页再试一次。

∞

正确！如果你一直把若干个偶数加在一起，那么永远都不可能得出一个奇数。

走廊尽头有一个小房间，门上写着"无穷计划"。

无穷计划

除了一些头戴式设备，房间里并没有其他有用的物品。你拿起一个头戴式设备，戴上它开始看录像。

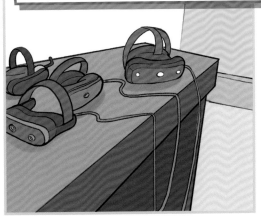

头戴式设备需要先激活。

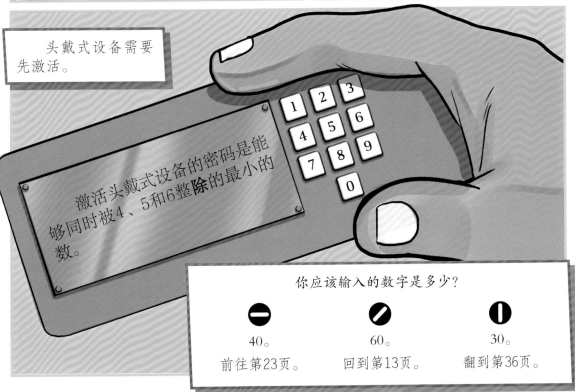

激活头戴式设备的密码是能够同时被4、5和6整**除**的最小的数。

你应该输入的数字是多少？

⊖
40。
前往第23页。

⊘
60。
回到第13页。

❶
30。
翻到第36页。

9
哦！你一定是算错了。
回到第38页。🅱

▲
不！在这个数列中，你把相邻的两个数字相加，得到的数字就是相加的两个数字的下一个数字。它从1+1=2开始，然后是1+2=3。回到第12页再试一次。4:0

数学名词解说

加（＋）

在计算中，加号的意思是把两个或两个以上的数字合在一起得到的一个总数。例如：6+7=13。

运算

数学主要包含4种基本运算法则：加、减、乘、除。

组合

两个或两个以上可以放在一起的个体。例如：有4个不同颜色的方块（红、白、绿、黄），你把其中的任意两个放在一起，就能得到6种组合方式（红/白、红/绿、红/黄、白/绿、白/黄、绿/黄）。

倒计时

一列逐渐变小的计算到某时的表示时间的数字，通常以由多到少的形式出现。例如：3-2-1-0或20-15-10-5-0。

数字

0、1、2、3、4、5、6、7、8、9就是数字。我们可以用数字写出任意一个数，就像我们可以用字母拼写出任何单词一样。

除（÷）

在计算中，除号的意思是用一个数把另一个数平均分成若干份来得出答案。例如：8÷4=2。

等号（＝）

在计算中，等号的意思是两数、两式或一数与一式相等。例如：2+3=5。

永恒

可以永远持续下去的时间。

偶数

任何以0、2、4、6或8作为个位数的数字。偶数可以被2整除。

斐波纳奇数列

从1、1、2、3、5、8、13、21开始的一组数列，数列中从第三位开始，每个数字都是它前面两个数字的和。

分数

一个整数被等分成若干份后得到的结果。例如：0.7也可以表示成7/10。

六边形

任何有6条边和6个角的多边形都可以叫作六边形。正六边形有6条长度相等的边和6个相等的内角。

无穷

指一个无穷无尽的数字。比如你用计算器计算1÷3，答案就是0.33333…，省略号表示有无数个3。

最小公倍数

几个数的公倍数中最小的一个，即可以被这几个数整除的最小的数，叫作这几个数的最小公倍数。例如：24是6和8的最小公倍数。

米

长度单位。1米（m）=100厘米（cm）。

倍数

一个数能被另一个数整除，这个数就是另一个数的倍数。例如：任何能被6整除的数都是6的倍数，比如12、18、24、30。

乘（×）

在计算中，乘号的意思是告诉你把几个数字相乘得出答案。例如：9×7=63。

数

一个数可以由一个或多个数字组成，这个数可以是正数，也可以是负数。例如：325是一个正数，而-67则是一个负数。

奇数

任何以1、3、5、7或9作为个位数的数字，并且用它除以2的时候，余数永远都是1。与偶数相对。

质数

大于1，除了1和它自身以外，不能被其他正整数所整除的整数。例如：24可以被1、2、3、4、6、8、12和24整除，因此24不是一个质数。但是23只能被1和它自身整除，因此23是一个质数。

余数

当你用一个较大的数字除以一个较小的数字，不能整除时，那么未被除尽的部分就是余数。余数的取值范围为0到除数之间（不包括除数）的整数。例如：17除以3，商是5，余数是2。

数列

依照某种法则排列的一列数，例如：5、8、11、14、17…是一个数列，这个数列中的每一个数字都比前一个数字大3。

平方数

任意一个数与它自身相乘，得到的就是这个数的平方数。例如：5×5=25，25就是一个平方数。一个平方数数量的相同物品可以摆成一个完美的正方形。

和

把两个或两个以上的数相加，得到的结果就叫作这些数的和。

整数

不含分数或小数的数叫作整数。整数是自然数0，1，2，3…以及−1，−2，−3…的统称。例如：10是一个整数，但是10又1/2或10.5就不是整数。

阅读提示

"数学大冒险"系列丛书旨在通过引人入胜的冒险故事，鼓励孩子们发挥聪明才智，运用所掌握的数学知识付诸实践，以提升数学技能。这些故事就像一个个闯关游戏，孩子们在阅读的过程中只有解决一个又一个的数学问题，才能最终取得令人兴奋的成功。

本套丛书没有遵循传统的阅读模式。读者需要根据选择的答案给出的提示前进或者跳回到指定的页码继续冒险。如果选择的答案是正确的，那么故事就会向下发展；如果选择的答案是错误的，那么就需要读者回到之前的那一页重新再试一次。

书后的数学名词解说可以帮助读者正确理解书中数学名词的意思。

下面这些方法可以帮助提升孩子的数学应用能力

- ∞ 父母和孩子一起读这套书。

- ∞ 解决遇到的数学问题，并且了解书中是如何解决这些数学问题的。

- ∞ 陪伴孩子一起阅读，直到他有足够的自信可以自主阅读，能按照书中的指引找到说明或者下一道数学谜题。

- ∞ 鼓励孩子独立阅读。向孩子提出问题：现在发生了什么？鼓励孩子给你讲解故事是如何发展的，以及孩子解决问题的思路。

- ∞ 在日常情景中讨论数学问题，例如：算出购物时实际支出与计划支出的差额，计算去往某地需要走的步数，学习使用时间表，学会看不同形式的钟表，等等。

- ∞ 玩数列找规律游戏。说出一个数列（例如：22、26、30、34），让孩子找出规律，说出接下来的数是多少。用硬币玩游戏：你能用1、2、5分钱的硬币组合出7分钱吗？

- ∞ 用骰子和纸牌跟孩子一起玩游戏。

- ∞ 最重要的是，让孩子感觉数学变得有趣起来！

数学大冒险

迷失四维空间

〔英〕乔纳森·利顿　著
〔英〕萨姆·勒杜瓦扬　绘
肖　潇　译

河南科学技术出版社
·郑州·

著作权备案号：豫著许可备字-2023-A-0081

图书在版编目（CIP）数据

数学大冒险. 迷失四维空间 /（英）乔纳森·利顿著；（英）萨姆·勒杜瓦扬绘；肖潇译. —郑州：河南科学技术出版社，2023.8

ISBN 978-7-5725-0617-8

Ⅰ. ①数… Ⅱ. ①乔… ②萨… ③肖… Ⅲ. ①数学—青少年读物 Ⅳ. ①O1-49

中国国家版本馆CIP数据核字（2023）第061068号

出版发行：河南科学技术出版社
　　　　　地址：郑州市郑东新区祥盛街27号　　邮编：450016
　　　　　电话：（0371）65788890　　65788858
　　　　　网址：www.hnstp.cn
策划编辑：孙　珺
责任编辑：孙　珺
责任校对：耿宝文
封面设计：张　伟
责任印制：朱　飞
印　　刷：北京盛通印刷股份有限公司
经　　销：全国新华书店
开　　本：720 mm×1 020 mm　1/16　总印张：12　总字数：520千字
版　　次：2023年8月第1版　　2023年8月第1次印刷
定　　价：100.00元（全4册）

如发现印、装质量问题，影响阅读，请与出版社联系并调换。

如何开始你的冒险

你准备好去迎接一个充满数学谜题和烧脑挑战的任务了吗?

那么这本书刚好适合你!

与你平常看过的那些书不同,《迷失四维空间》这本书并不是要按照页码的顺序一页一页读下去。这是一本专属于你的书!你就是这本书的主角!你需要在书中找到属于自己的冒险路线,按照提示进入对应页码,追踪线索,直至完成冒险之旅。

故事从第4页开始,它会告诉你接下来你要去哪里。每次面临挑战,你都需要在几个选项当中做出自己的选择,就像这样:

A 如果你认为正确答案是A。

请翻到第23页。

B 如果你认为正确答案是B。

请翻到第11页。

选出正确答案,然后翻到指向的页码并且找到对应标识。

万一选错了也别担心,你会得到另一条线索,然后回到之前的那页再试一次。

这个冒险故事中出现的谜题和问题全部来自奇妙的数学世界,所以,出发前请你准备好充足的数学知识。

书中的第44~47页准备了数学名词解说,希望它们可以给你提供一些帮助。

准备好了吗?现在,就让我们翻过这一页,开始我们紧张、刺激的冒险之旅吧!

迷失四维空间

嘭！

（一道亮光闪过）

当飞船穿越虫洞时，你被一道刺眼的光唤醒了！伴随着"噼里啪啦……砰"的响声，引擎停止了工作，你不知道自己身在哪里，也不知道究竟发生了什么。

你需要冷静应对，才能安全返回地球。

请进入第19页。

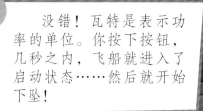

没错！瓦特是表示功率的单位。你按下按钮，几秒之内，飞船就进入了启动状态……然后就开始下坠！

哦，不！你需要从补给站为飞船注入一些动力，但是你现在没有钱了。

你向补给站的老板说明了情况，他建议你碰碰运气……

如果你能正确回答出这个问题，我就免费借你使用马达动力装置，如果答得不对，我就要把你的飞船扣下了。

补给站

他的问题是：下面这几个单位，只有一个不是长度单位，是哪一个呢？

🔲 兆米。

翻到第19页。

🔗 **链**。

前往第39页。

🔲 **立方米**。

跳到第10页。

 不对，7×5＝35（升）。

回到第10页再试一次。 **D**

 错！下午5:16相当于从现在起之后的4小时30分钟。

回到第39页再试一次。 ◆

正确！2×324=648。传送门打开了，你可以通过了。

A

外星人A。

前往第10页。

你降落在了一个陌生的星球上，这里有各种怪模怪样的外星人——大部分看上去都有些凶猛。你打开地图试图寻找一些线索。

那个身高是"脚"长12倍的外星人是值得信赖的。

忘掉其余的那些外星人，尽量避开他们吧！

测量外星人的高度用到的基本单位是外星人的脚长。祝你好运！

B

外星人B。

快速翻到第38页。

6

悄悄测量每个外星人的脚长，不要被他们发现！哪个外星人的身高是脚长的12倍？

外星人D。

跳到第19页。

外星人C。

前往第27页。

提示：用一根手指测量每个外星人的脚长，然后看测量他们身高的时候，用了多少次脚长。

正确！蓝色路线不仅避开了不友好的外星人，而且覆盖了27个星际单位的距离。这是你把图中这些数字加起来计算出来的。

你的选择是正确的，但是你的方向盘有点儿失灵——你已经迫降了。

幸运的是，你知道如何摆出求救符号——一个长边是短边2倍长的**长方形**。你已经把一条4米长的绳子摆放成为长方形的一条边。

你应该再选择下面哪一条绳子来拼完你的求救符号？

一条8米长的绳子。

翻到第34页。

一条18米长的绳子。

前往第21页。

一条22米长的绳子。

翻到第30页。

你转动钥匙，但是引擎毫无反应。这把钥匙的周长是12，但是面积是7。

趁着还来得及，回到第19页再试一次。

回答错误——这瓶水太轻了。试着把所有的重量单位都转换成zilograms。

回到第30页再试一次。

30° 正确！你在控制器中设置了30度，并且轻松瞄准了紫色星球。

当你的飞船即将降落在紫色星球的地面时，看到一个男人急切地向你招手。

你能在着陆前再盘旋25秒吗？

着陆时钟

12H 34M 56S

你的着陆时钟显示的原定着陆时间是12时34分56秒，你应该把它设置成多少？

 12时34分21秒。
翻到第26页。

 12时59分56秒。
翻到第38页。

 12时35分21秒。
跳到第32页。

5 不！这些树在放大镜中看起来是原来的两倍大，但是它们与你的距离却减少了一半。

回到第11页再试一次。

0.3 不。0.3写成**分数**不是1/2，你需要把1除以2。

回到第23页再试一次。

D

是的！钥匙匹配上了！这把钥匙的周长是12，包含6个面积为1的小**正方形**。宇宙飞船的引擎轰鸣着发动起来了。

哦，不！这时冷却系统又发出了警报！控制面板提示你需要加40**升**水。于是你去了储藏区。

冷却系统

滴！
滴！
滴！

你有一些容积为5升的水瓶。

水 5升

水 5升

水 5升

水 5升

你需要加多少瓶水？

6　　　　**8**　　　　**7**

6。　　　　8。　　　　7。

翻到第39页。前往第29页。回到第5页。

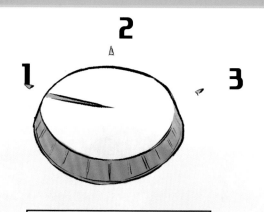

选择正确！**立方米**是一个**体积**单位，而不是一个长度单位。老板虽然有些不情愿，但还是把马达动力装置借给了你。

2

1　　　　3

1马力=735瓦。

你需要1 470瓦的功率才能让它启动。

你应该给你的飞船设定多少马力的功率？

1　　　　**2**　　　　**3**

1马力。　　2马力。　　3马力。

前往第41页。　翻到第22页。　翻到第33页。

A

不！这个外星人不可信——他的身高不到脚长的12倍。

赶在他注意到你之前，回到第6页再试一次。◎

干得漂亮！向南走2千米，然后再向东走3千米，就到森林了。

就在你逐渐接近森林的时候，一个外星人拿着巨大的放大镜从你身边经过，放大镜让所有的东西看起来都比实际大小放大了一倍。

通过放大镜看，这些树好像距离你有10米远，那么实际它们距离你有多远呢？

5米。

快速回到第9页。

20米。

翻到第42页。

正确！1英尺等于12英寸，1英尺等于30.48厘米。

真棒！你好呀，地球人！

我有一张地图能够帮到你，如果你能答出我的最后一个问题的话……

1米相当于3.2英尺，那么9米相当于多少英尺呢？

你的答案是？

32.5英尺。

翻到第26页。

28.8英尺。

去往第39页。

27英尺。

跳到第18页。

地球也不至于小到圆周长只有2 500英里。

抢在他转身离开之前，回到第32页再试一次。

不，穿过整个直径的距离，你会到达银河系的另一端。

回到第38页再试一次。

没错！5×5=25（zongs）。警官嘟囔着"你算起数来可比开车快多了"！

嗯……我还是担心你不太了解关于**速度**的知识——如果真是这样的话，我就要查扣这艘飞船了。

回答这个问题：如果每一声"叮咚"的时间里，你能驾驶飞船前进5 zongs那么长的距离，那么在九声"叮咚"的时间里，你的飞船能飞出多远？

你的答案是？

40 40 zongs。快速翻到第21页。

45 45 zongs。跳到第43页。

55 55 zongs。翻到第33页。

不，这样桥不会保持重量平衡，因为那本书太轻了。把所有的重量单位都转换成zilograms，然后找出正确答案。返回第30页。

不，这棵树上有18块积木，18不是一个平方数。回到第42页再试一次。

正确！如果你在午后12:46的基础上加上5小时30分，就是傍晚的6:16。

教授对你的数学水平非常满意，他觉得不必再等下去了，直接把地图和一个速度超快的弹跳工具交给了你。他还叮嘱你，蓝色星球荒原上通往地球的传送门只有一次打开的机会……

注意沿途的标识！

从地图上，你了解到在地球的北极，有一个由密码控制的传送门。你从赤道出发，并且经过一个标示了距离北极点还有多远的标识——不远了！

距离北极点还有324英里。

🕇 翻到第30页，快速抵达北极点。

干得漂亮！你付完钱，给飞船装上12升燃料，然后准备离开。

点！
点！
点！

不幸的是，你的"新"宇宙飞船的年纪比教授还要大，需要用些蛮力才能启动引擎！

呵呵，需要1 500个单位的能量才能让我启动！

选择一个表示功率大小的单位，按下相应的按钮，就能获得助推力。

瓦特　　　　伏特　　　　流明

哪个按钮表示的是功率的单位？

 瓦特。
跳到第5页。

 伏特。
前往第18页。

流明。
快速翻到第37页。

90° 不，这个选择会让你远离所有的行星，钻入一个致命的黑洞！
快速回到第43页再考虑一下。

45

不，传送门仍关着，你没能把路标上的数字正确翻倍。
回到第37页再试一次。

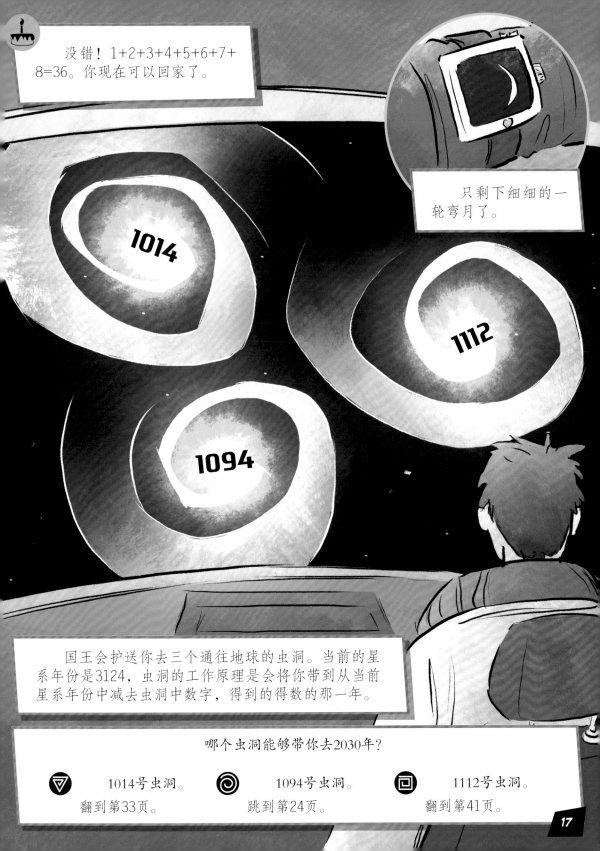

没错！1+2+3+4+5+6+7+8=36。你现在可以回家了。

只剩下细细的一轮弯月了。

1014

1112

1094

国王会护送你去三个通往地球的虫洞。当前的星系年份是3124，虫洞的工作原理是会将你带到从当前星系年份中减去虫洞中数字，得到的得数的那一年。

哪个虫洞能够带你去2030年？

1014号虫洞。
翻到第33页。

1094号虫洞。
跳到第24页。

1112号虫洞。
翻到第41页。

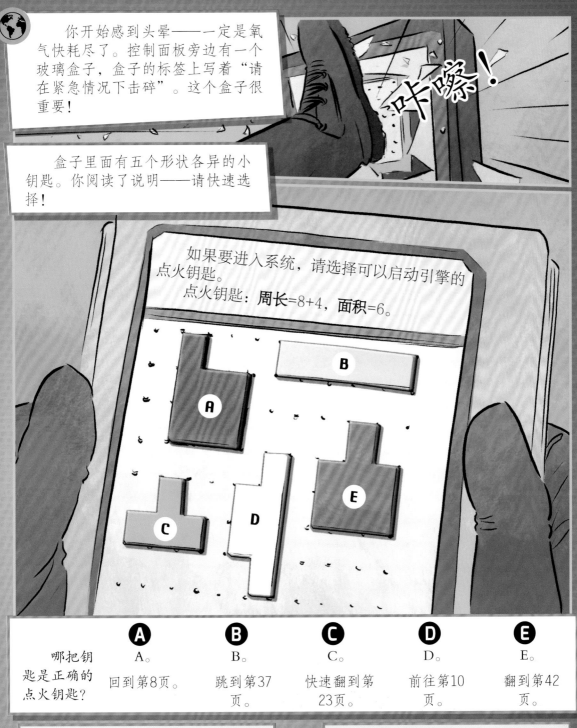

你开始感到头晕——一定是氧气快耗尽了。控制面板旁边有一个玻璃盒子，盒子的标签上写着"请在紧急情况下击碎"。这个盒子很重要！

盒子里面有五个形状各异的小钥匙。你阅读了说明——请快速选择！

如果要进入系统，请选择可以启动引擎的点火钥匙。

点火钥匙：周长=8+4，面积=6。

咔嚓！

	Ⓐ	Ⓑ	Ⓒ	Ⓓ	Ⓔ
哪把钥匙是正确的点火钥匙？	A。 回到第8页。	B。 跳到第37页。	C。 快速翻到第23页。	D。 前往第10页。	E。 翻到第42页。

D 仔细观察！这个外星人没有12倍脚长那么高，并且它似乎发现你了！

快回到第6页再试一次。 ◉

 不对，兆米是一个非常大的长度单位，1兆米=1 000千米。

回到第5页再试一次。 💡

正确！9是平方数。你爬上树枝，咬了一口你能找到的汁水最饱满的水果。

唰！

突然，这棵树变成了一艘宇宙飞船，森林也变成了星系燃料补给站。你得救了！

补给站

你有6星际元，通常燃料的价格是每升1星际元，但是今天刚好半价。你的运气真不错！

你最多能购买多少升燃料？

 3升。

前往第36页。

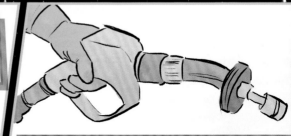 9升。

快速翻到第31页。

 12升。

前往第16页。

每响一声"叮咚"的时间里可以移动30 zongs的话，就相当于6×5 zongs，这也太快了点儿！

回到第29页再试一次。

60 000英里太长了！教授用怀疑的眼光看着你。

回到第18页再试一次。

是的，你需要航行112 zorigs才能抵达中心区域。**直径**的一半叫作**半径**。你用极快的速度出发了。

当你着陆时，守卫们正等着带你去见国王。

我是这个星系里的国王。任何人使用我的空间港都需要支付一笔可观的费用。

 你翻遍自己的背包，也没能找到任何值钱的东西。你的宇宙飞船被扣留了，你也被扔进了地牢（翻到第40页）。

 不对！用公式：距离=速度×时间来计算这道题。

回到第13页。

 再试一次！传送门关闭得紧紧的。

回到第37页，试着给标识上的数字正确翻倍。

不！18米长的这条绳子对你毫无帮助。

回到第8页再试一次。

正确！以每小时2千米的速度挖洞，他们需要3个小时才能赶到你这里，那时候你早就已经走远了。

飞船修好后，车库的主人提议给你准备一杯饮料。可当他走进房间的时候，你已经点火升空了。

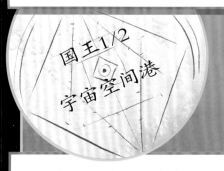

国王1/2
宇宙空间港

1/2是无效输入，请输入**小数**形式。

仔细看地图，你发现了一个巨大的空间港。或许那里有人能帮你找到回地球的路。

你在电脑的地图系统里输入了"国王1/2"来获取空间港准确的位置信息。

下面哪一个是1/2的小数形式？

0.3　　　0.3。

前往第9页。

1.5　　　1.5。

翻到第43页。

0.5　　　0.5。

前往第38页。

C　目前唯一能听到的声音就是你的呼吸声，而它变得越来越急促。钥匙没能启动引擎，因为你选的这把钥匙的面积只有4！

回到第19页再次选择。

10　不，1英寸等于2.54厘米，而1英尺等于30.48厘米。你需要计算的是30.48÷2.54=？

回到第36页再想一想。

祝贺你！伴随着"砰"的一声，你回到了地球上。一群人挥舞着旗帜向你欢呼致敬。指挥官热情赞扬了你的机智勇敢，并且给了你一周的假期。任务结束！

哦，不！这里到处都是守卫。他们发现你试图逃跑，于是把你抓回到国王面前。

你解释说，你之所以来到空间港，是希望国王能够告诉你回地球的路。

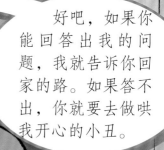

好吧，如果你能回答出我的问题，我就告诉你回家的路。如果答不出，你就要去做哄我开心的小丑。

我有9条命，已经用掉了8条，每一条命都比前一条时间更长。我的第一条命只有1年，然后是2年、3年、4年……等一下，我的第9条命刚好从今天开始，那你算一算，我现在是多少岁？

快！赶在他改变主意之前算出正确答案！

 36岁。

翻到第17页。

 45岁。

前往第43页。

54岁。

翻到第28页。

 如果钟表的时间是12时34分21秒，那你就需要回到过去了。

回到第9页设置正确答案。

 不对。你需要用3.2乘9才能得出正确答案。

回到第12页。

不，如果他们步行过去，将会在2小时后追上你——还有一条更慢的路线。

回到第35页再试一次。

C

正确！如果你仔细测量，就会发现这个外星人大概有12倍脚长那么高。所以他肯定是一个友好的外星人。你慢慢地靠近他……

你好！是教授让我来这里寻找森林里的传送门。我需要尽快找到它，请问你知道路吗？

算是知道吧，但是我知道的路线有点儿长。如果你能把我知道的路线**方向**做一些简化，就能很快抵达森林。

外星人告诉你的这条路线：向北走5千米，然后向西走3千米，再向南走7千米，再向东走5千米，再向南走1千米，再向东走1.5千米，再向北走1千米，再向西走0.5千米。

线索：先看南北方向，再看东西方向。

你应该选择下面哪条简化路线？

↵ 向南6千米，然后再向西3千米。

前往第33页。

↵ 向南2千米，然后再向东3千米。

翻到第11页。

↱ 向北5千米，然后再向东0.5千米。

翻到第41页。

你的位置

45° 当角度为45°的时候，你已经很接近了，但是你是在朝着绿色星球前进。

回到第43页再仔细看一看。

45

33.3厘米有点儿太长了。一把"短尺子"最长不超过50厘米，最短不能短于0厘米。

回到第40页，按照这个方法寻找平均值。

距离现在5小时32分钟之后是傍晚的6:18，所以你会迟到一点点。

回到第39页再想一想。

不，这条路线的长度大约有33.5个星际单位的距离。还有一条既能避开凶猛的外星人，又相对较短的路线……

回到第22页再试一次。

不对！在国王拒绝帮助你之前，提高你的加法水平。

回到第26页。

250 000英里的圆周长实在是太长了——这快赶上木星的圆周长了！

回到第32页再试一次。

8 8是正确答案。8×5=40（升）。

终于，你的飞船转入平稳运行阶段。当你握稳方向盘时，你看到了一盏闪烁的蓝色指示灯，然后听到了一声巨响——一名警官登上了你的飞船！

你好！你有没有发现，每响一声"叮咚"的时间里，你开了5 zongs（太空中使用的一种距离单位）的距离？

对不起，警官先生，我不知道自己开得这么快！

快？你开得太慢了，造成了交通拥堵。这里的最低限速是你现在**速度**的5倍。那么你来算一算，每一声"叮咚"的时间里，你应该开出多远才对？

赶快算出结果——警官看起来很生气！你的答案是？

 20 zongs。
快速翻到第41页。

 25 zongs。
回到第13页。

🕐 30 zongs。
前往第20页。

当你快要接近传送门的时候，你遇到了一座桥。

这座桥是利用悬挂在下面重物的**重量**保持平衡的，但是其中一个重物不见了。

你需要给桥的一端加上一定的重量，来保持桥的平衡。桥上的物体重量是以zilograms（太空中使用的一种质量单位）为单位的，而你背包里的物品是以**千克**（kg）为单位的。

线索：1 zilograms（zg）=2 千克（kg）

你背包中哪件物品可以使桥保持重量平衡，以便你能顺利通过。

 一瓶水。
翻到第8页。

一块砖。
翻到第37页。

一本书。
前往第13页。

不，499英里还不够长。而且，一个近似答案的个位数通常是0，因为它不是一个精确的数字。

回到第18页再试一次。

 不，再用一条22米长的绳子，你将摆出一个没有人认识的求救符号。

回到第8页再试一次。

是的！较短尺子的长度将会在0~50厘米之间随机产生。所以它们长度的平均值是25厘米左右。

现在，蓝月已经只剩细细的一个月牙了。

明森特带你找到了一个秘密出口，然后你从地牢里溜了出来。请前往第26页。

不，1英寸仅仅是2.5厘米多一点儿。而1英尺是30厘米多一点儿。

回到第36页，再仔细想一想你需要使用的计算方法。

再试一次！9升是不对的。今天每升的价格是1星际元的一半——那么，6星际元里面包含多少个0.5星际元呢？

回到第20页再试一次。

⑫

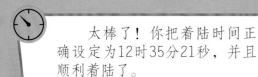

太棒了！你把着陆时间正确设定为12时35分21秒，并且顺利着陆了。

谢谢！你的飞船把我的香肠快速烤熟了！我是因兴顿·斯迈思教授，我喜欢琢磨数学题。我来自一个叫作"地球"的地方，你可能从没听说过那个地方。

太棒了！你告诉他都发生了什么事，然后问他能否帮助你回到地球。

他答应帮助你，但前提是你能证明自己真的来自地球。他要问你3个只有地球人才答得出的问题。

问题1：地球的**圆周长**是多少英里？

注释：英里，是一种起源于英国的长度计量单位。1英里=1.609 3千米。

你的答案是？

← 2 500英里。
翻到第12页。

◉ 25 000英里。
前往第18页。

→ 250 000英里。
跳到第28页。

不，3124-1014将会把你带到2110年。

回到第17页再试一次。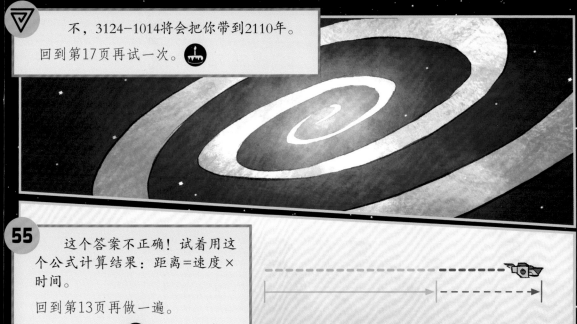

55 这个答案不正确！试着用这个公式计算结果：距离=速度×时间。

回到第13页再做一遍。

哦，不！这个功率太强劲了，一旦启动，会毁了你的飞船。

回到第10页。

危险！不毛之地！

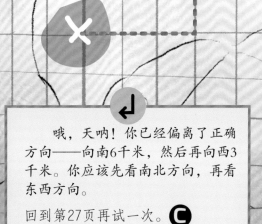

哦，天呐！你已经偏离了正确方向——向南6千米，然后再向西3千米。你应该先看南北方向，再看东西方向。

回到第27页再试一次。**C**

正确！你可以用一条8米长的绳子围出长方形另一条4米的长边和两条2米的短边。

很快，一艘来自当地一颗彗星上的拖船抵达，并把你带到一个车库。

人类摇滚

我们爱人类

我们爱人类

车库的主人告诉你，他是"我们爱人类"俱乐部的成员，俱乐部的其他成员很想到你的飞船上与你合影。但是你没有时间这么做了——蓝月正在逐渐变小。

步行距离=10千米

步行速度=5千米/时

挖洞距离=6千米

挖洞速度=2千米/时

俱乐部成员

挖洞

步行

你

你建议他们挖洞穿过彗星，还是沿彗星表面步行抵达宇宙飞船那里？

线索：你想给他们最慢的选择，这样你就可以赶在他们抵达之前逃跑了！

挖洞。

前往第23页。

步行。

翻到第26页。

大约4 000英里是正确的。教授站了起来，脸上满是喜悦的表情。

问题3：1英尺等于多少英寸？

注释：英尺，是一种起源于英国的长度计量单位。1英尺=30.48厘米。

英寸，是一种起源于英国的长度计量单位。1英寸=2.54厘米。

你的答案是？

❻ 6英寸。

跳到第31页。

❿ 10英寸。

翻到第23页。

⓬ 12英寸。

前往第12页。

3 不！这棵树上有27块积木，27不是一个平方数。

回到第42页再读一遍。⑳

 不，你最多可以买的燃料不止3升，今天是半价，每升燃料只要0.5星际元。

回到第20页做出你的选择。

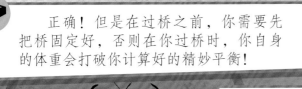

正确！但是在过桥之前，你需要先把桥固定好，否则在你过桥时，你自身的体重会打破你计算好的精妙平衡！

你很快就要抵达传送门那里了。

传送门上有一个密码输入键盘，还有一条线索。

输入密码
输入你来时经过的路标上数字的二倍。

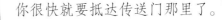

难怪教授让你多留心沿途的标识。你应该输入的密码是多少？

648。   668。   712。

翻到第6页。   前往第16页。   快速翻到第21页。

 这把钥匙的面积只有5。

趁着还有机会选择，赶快回到第19页再试一次。

再试一次！流明是计量光通量的单位，不是功率的单位。

回到第16页。

正确！1/2写成小数是0.5。你输入这个数字，屏幕上出现了一张地图。你需要前往银河系的中心。

现在你位于银河系的边缘，这个星系的形状像一个圆，它的**直径**是224 zorigs（太空中使用的另一种距离单位）。

想要抵达目的地，你需要航行多少zorigs？

112 zorigs。
翻到第21页。

224 zorigs。
前往第12页。

如果你在12时59分56秒抵达，那么就相当于再盘旋25分钟，而不是25秒。

如果你不想飞船能量耗尽，就赶快回到第9页再试一次。**30°**

不，这个外星人没有脚长的12倍那么高。

离他远一点儿，回到第6页再试一次。**◉**

不对！这条路线会让你遇到一个饥饿的会吃人的外星人！

赶在他靠近前，回到第22页再试一次。

◆ 28.8英尺是对的！
3.2×9=28.8。

简直不可思议！明**年**（特指他所在这颗行星上的明年）这个时候我会把地图交给你。哈哈！不要绝望，这颗行星绕着太阳转一周的时间相当于地球上的5个半小时。

绕轨道运行一周的时间：5小时30分钟

12:46 PM

现在，你手表的时间是午后12:46，你们什么时候会再见面？

⌚ 下午5:16。
翻到第5页。

⌚ 傍晚6:16。
翻到第14页。

⌚ 傍晚6:18。
前往第28页。

6 6瓶水总共有30升——这还不够！
抢在飞船过热之前，回到第10页再试一次。 D

选择错误！链是一种**英制**长度单位。它经常被用来作为航海计量长度单位。
回到第5页再试一次。 💡

在地牢里，你看到了一个穿着滑稽服装的小丑。你得知他叫明森特，原来曾经是国王的艺人。他被关在这里是因为他的表演太无聊了。

比起讨那个笨蛋国王欢心，我宁愿被关在这里。其实我知道一条能逃跑的通道……国王在这里设置了一个秘密出口，以防止某一天他自己被扔进这个地牢！

咱们来玩一个游戏吧。如果你赢了，我就告诉你出口在哪里。如果你输了，你就要永远留在这里了！

他解释说，他每天都会刻一些1米长的尺子来打发时间，做好后把它们随意折成两段，扔进两个罐子里，一个罐子上写着"长"，另一个罐子上写着"短"。

你知道写着"短"的罐子里那些尺子的平均长度是多少吗？

你的答案是？

 25.0厘米。翻到第31页。

 33.3厘米。前往第27页。

 35.0厘米。跳到第42页。

错误。3124-1112会带你回到2012年。

赶快回到第17页选择正确的虫洞，否则就来不及了！

1马力是不够的——1马力只有735瓦。

回到第10页再试一次。

1马力=735瓦

不对。每响一声"叮咚"的时间里走过20 zongs，就相当于4×5 zongs，这太慢了。

带上你的乘法特技，回到第29页去寻找正确答案。

不，向北5千米，再向东0.5千米不是正确的路线，这样你会最终抵达野树林的中央。

回到第27页再试一次。

危险！野树林！

正确！这些树实际上在20米外。你开始阅读教授在地图上的下一条指令。

他让你数一数每棵树上的积木数量，找出积木数量是**平方数**的那棵树，然后摘下那棵树顶端的水果。

提示：平方数是指一个数与自身相**乘**得到的数。例如：2×2=4或者3×3=9。

你应该选择哪棵树？

① 1号树。
跳到第13页。

② 2号树。
翻到第20页。

③ 3号树。
前往第36页。

E 你转动钥匙，引擎没有发出任何声音。请确认你是否数对了方格，找到了想要找的那把钥匙。你选的这把钥匙面积是7。

回到第19页再选一次。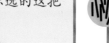

35.0厘米太长了。"短尺子"里面可能出现的最长的长度是50厘米，最短长度大于0厘米即可。

回到第40页再想一想。

完全正确！**距离**=速度×时间，也就是5×9=45（zongs）。

你还挺棒的！你要去哪里？

我正在试着找到回地球的路，你能帮助我吗？

不，但是我今天早上遇到了一个来自地球的人。他就在那个紫色的行星上。或许他可以帮到你。

他指了指你飞船上的计算机地图系统。但你的飞船只剩下一点点能量了，所以你需要找到一条最佳路径。

你需要输入计算机的是哪个**发射角度**？

30º 30°。　　　翻到第9页。

45º 45°。　　　前往第27页。

90º 90°。　　　快速翻到第16页。

计算机地图系统

请输入抵达紫色行星所需要的角度。

不，如果1.5是正确的选项，那么空间港的名字就应该叫作国王1.5空间港了。

回到第23页再想一想。

虽然1+2+3+4+5+6+7+8+9=45，但是国王才刚刚开始他的第9次生命，所以你需要做的是把他前8次生命的年数加起来。

回到第26页再试一次。

数学名词解说

角度

角的大小，通常用度或弧度来表示。例如：直角有90°。

面积

物体的表面或围成的平面图形的大小，叫作它们的面积。可以用平方千米、平方米和平方厘米等单位来表示。

基本单位

国际单位制中的单位。计量事物的标准量的名称。

链

航海通用的计量海上短距离的长度单位。1链等于0.1海里，约合185.2米。

圆周长

绕圆一周的长度。

立方米（m³）

体积单位。棱长为1米的正方体的体积是1立方米。

小数

一种不是整数，可以在小数点后面有一位或者多位数字的数字。可以有十分位、百分位等。1/2表示为小数就是0.5。

度（°）

测量角度大小的单位。一个完整的圆有360°，一个直角有90°。

直径

通过圆心（或球心），并连接圆周（或球面）上的两点的线段。

方向

某人或某物移动或面对的指向。

距离

两个地点或两个事物之间的间隔长度。

除

数学运算方法，用一个数把另一个数平均分成若干份。例如：8÷4=2。

英尺

英制中的长度单位。1英尺= 0.3048米。

分数

把一个单位分成若干等份，表示这样一份或者几份的数叫作分数。例如：1/2、3/4等。

英制

英国、美国等一些国家使用的一种计量制度。其基本单位以英尺为长度单位，磅为质量单位，秒为时间单位。

英寸

英制中的长度单位。1英寸=1/12英尺=2.54厘米。

千克（kg）

国际单位制基本单位中的质量单位。1千克=1 000克。

升（L）

法定计量单位中计量体积、容积的单位。1升= 1 000毫升。

米（m）

法定长度单位。1米= 100厘米。

分

时间单位。1分=60秒。

乘

在计算当中，乘号的意思是把乘号前后两个数相乘得到结果。例如：9×7=63。

周长

绕一个二维图形一周的长度。

半径

圆周长任意一点与圆心的连线。

长方形

也叫矩形。有一个角是直角的平行四边形。它的对角线相等。

秒（s）

时间单位。60秒为1分。

速度

运动的物体在单位时间内所经过的距离。速度=距离÷时间。速度的单位包括千米/时、米/秒等。

正方形

四边相等的矩形。具有平行四边形、矩形和菱形的所有特性。

平方数

　　用任意数字与它自身相乘，得到的就是这个数字的平方数。例如：5×5=25，25就是平方数。用平方数那么多个的小正方形，总能拼成一个完美的正方形。

时间

　　从过去到现在再到未来的发展过程。时间的单位包括：秒、分、时、日、年等。

体积

　　用来测量三维物体所占空间的大小，常用单位包括立方米、立方分米、立方厘米等。

重量

　　日常生活中指物质的质量。单位有克、千克、吨等。

年

　　时间单位。指地球环绕太阳运行一周的时间。

阅读提示

"数学大冒险"系列丛书旨在通过引人入胜的冒险故事，鼓励孩子们发挥聪明才智，运用所掌握的数学知识付诸实践，以提升数学技能。这些故事就像一个个闯关游戏，孩子们在阅读的过程中只有解决一个又一个的数学问题，才能最终取得令人兴奋的成功。

本套丛书没有遵循传统的阅读模式。读者需要根据选择的答案给出的提示前进或者跳回到指定的页码继续冒险。如果选择的答案是正确的，那么故事就会向下发展；如果选择的答案是错误的，那么就需要读者回到之前的那一页重新再试一次。

书后的数学名词解说可以帮助读者正确理解书中数学名词的意思。

下面这些方法可以帮助提升孩子的数学应用能力

- ∞ 父母和孩子一起读这套书。

- ∞ 解决遇到的数学问题，并且了解书中是如何解决这些数学问题的。

- ∞ 陪伴孩子一起阅读，直到他有足够的自信可以自主阅读，能按照书中的指引找到说明或者下一道数学谜题。

- ∞ 鼓励孩子独立阅读。向孩子提出问题：现在发生了什么？鼓励孩子给你讲解故事是如何发展的，以及孩子解决问题的思路。

- ∞ 在日常情景中讨论测量问题，例如：算出某个物品有多长，计算去往某地需要走的步数，学习使用时间表，学会测算用大小不同的容器装满水的容积，等等。

- ∞ 体验测量的乐趣：让孩子猜猜不同物品的重量，然后用秤称一称；给孩子一把尺子，让他量一量屋子里各种物品的长度。

- ∞ 鼓励孩子用电子时钟和数字时钟看时间。出些题目，让孩子算算在当前时间的基础上加一段时间，看看最终的时间是多少。

- ∞ 最重要的是，让孩子感觉数学变得有趣起来！

数学大冒险

明日之岛

〔英〕乔纳森·利顿 著
〔英〕萨姆·勒杜瓦扬 绘
肖 潇 译

河南科学技术出版社
·郑州·

Original title: *Maths Quest: Attack on Circuit City / Maths Quest: Escape from Hotel Infinity / Maths Quest: Lost in the Fourth Dimension / Maths Quest: The Island of Tomorrow*

Copyright © 2017 Quarto Publishing Plc

Simplified Chinese translation © 2023 Henan Science & Technology Press

First published in 2017 by QED Publishing, an imprint of The Quarto Group,

1 Triptych Place, Second Floor, London SE1 9SH, United Kingdom

All rights reserved.

版权所有，翻印必究

著作权备案号：豫著许可备字-2023-A-0081

图书在版编目（CIP）数据

数学大冒险.明日之岛 /（英）乔纳森·利顿著；（英）萨姆·勒杜瓦扬绘；肖潇译. —郑州：河南科学技术出版社，2023.8

ISBN 978-7-5725-0617-8

Ⅰ.①数… Ⅱ.①乔…②萨…③肖… Ⅲ.①数学−青少年读物 Ⅳ.①O1-49

中国国家版本馆CIP数据核字（2023）第061070号

出版发行：河南科学技术出版社

地址：郑州市郑东新区祥盛街27号　　邮编：450016

电话：（0371）65788890　　65788858

网址：www.hnstp.cn

策划编辑：孙　珺

责任编辑：孙　珺

责任校对：耿宝文

封面设计：张　伟

责任印制：朱　飞

印　　刷：北京盛通印刷股份有限公司

经　　销：全国新华书店

开　　本：720 mm×1 020 mm　1/16　总印张：12　总字数：520千字

版　　次：2023年8月第1版　　2023年8月第1次印刷

定　　价：100.00元（全4册）

如发现印、装质量问题，影响阅读，请与出版社联系并调换。

如何开始你的冒险

你准备好去迎接一个充满数学谜题和烧脑挑战的任务了吗?

那么这本书刚好适合你!

与你平常看过的那些书不同,《明日之岛》这本书并不是要按照页码的顺序一页一页读下去。这是一本专属于你的书!你就是这本书的主角!你需要在书中找到属于自己的冒险路线,按照提示进入对应页码,追踪线索,直至完成冒险之旅。

故事从第4页开始,它会告诉你接下来你要去哪里。每次面临挑战,你都需要在几个选项当中做出自己的选择,就像下面这样:

A 如果你认为正确答案是A。请翻到第23页。

B 如果你认为正确答案是B。请翻到第11页。

选出正确答案,然后翻到指向的页码并且找到对应标识。

万一选错了也别担心,你会得到另一条线索,然后回到之前的那页再试一次。

这个冒险故事中出现的谜题和问题全部来自奇妙的数学世界,所以,出发前请你准备好充足的数学知识。

书中的第44~47页准备了数学名词解说,希望它们可以给你提供一些帮助。

准备好了吗?现在,就让我们翻过这一页,开始我们紧张、刺激的冒险之旅吧!

明 日 之 岛

周五的清晨，你来到了冒险者俱乐部，报名参加一次去南太平洋的小岛徒步探险的任务。

当探险队长乔找到你时，你正瘫坐在房间后面，草草地翻看一本书。看到你的样子，他忍不住笑了起来。

私密！
队长乔的财物！

在书里，你找到了一张南太平洋的藏宝**地图**，抢在乔闯进来抢走那本书之前，你拍了一张照片，然后把藏宝图放回了书里。你能比乔更快找到宝藏吗？

翻到第18页，开始你的冒险之旅。

是的！从上面往下看，楼梯像一个圆圈，这是因为每个圆的大小都是一样的。

干得好！当你欣赏眼前这壮丽的景色时，最后一个问题也来了。想象一下，在你面前有一张网格，那么在**坐标**（6，3）的位置，你能找到什么？

你的回答是？

 一片淡水湖。
前往第26页。

 一棵猴面包树。
前往第39页。

 再试一次！这个图案并不是轴对称图形。
回到第17页再试一次。

 不对，这个洞穴入口只有两条对称线。
回到第25页再试一次。

你又重新看了一遍地图，来寻找自己的下一个目标。突然，地图被骑着一条雪龙的队长乔抢走了。

哈哈！我知道那个老头儿给了我一张没用的地图，所以我就一直骑着雪龙悄悄跟着你。放心，我是个慷慨的人，所以我会跟你分享这些宝藏的。

他吹了一声口哨，又出现了两条雪龙！

你需要选择其中一条骑上去……呼出的冷气里面有**正六边形**雪花的那条雪龙是被驯服过的，而另一条雪龙则正饥肠辘辘。

每条雪龙都呼出了一股含雪花的冷气。

A

B

你应该选择哪条雪龙？

⭐ A。
前往第13页。

⭐ B。
翻到第41页。

干得漂亮！A点到汤加机场的距离是它到汤加首都距离的2倍。

你沿着小路一直走，直到眼前出现一幢安装了太阳能电池板的现代化建筑。你敢肯定，这里不是任何一位勇士的家！你按下了门铃，想看看里面有没有什么人可以帮助你。

你好！我能帮你做些什么呢？

我不太确定我找到的地方对不对——我正在寻找一位勇士。

去侧门那里，然后按下密码。

在侧门上安装了一个密码锁，上面显示着密码提示问题。

999999－555555等于多少？

1	2	3
4	5	6
7	8	9
	0	

你应该输入的密码是哪一组？

 555555。
跳到第21页。

4 444444。
翻到第13页。

3 333333。
前往第38页。

岩浆灼伤了你的脚。这条隧道入口上方的标识——死亡。
回到第23页，辨认另一个标识。

B 警报——你踩到了一只饥饿的食人鱼（七边形石头）！
跳回第29页。

错误！你旋转的方向不对！
回到第28页再试一次。

干得漂亮！你们把船开到了安全的区域！忽然，船剧烈地颠簸着向一侧倾斜。西菲大声喊着，让你迅速朝着**顶点**开过去。

你认为图中哪个地方是顶点？

 A。
翻到第24页。

 B。
跳到第16页。

 C。
前往第43页。

不，三角形的内角和是180°。用180°减去已知的角的度数，得到的就是剩余的角的度数。

回到第19页再试一次。

巨魔笑了起来——你只数了五个顶点上最小的三角形，但实际上还有一些大的三角形。

回到第31页再试一次。

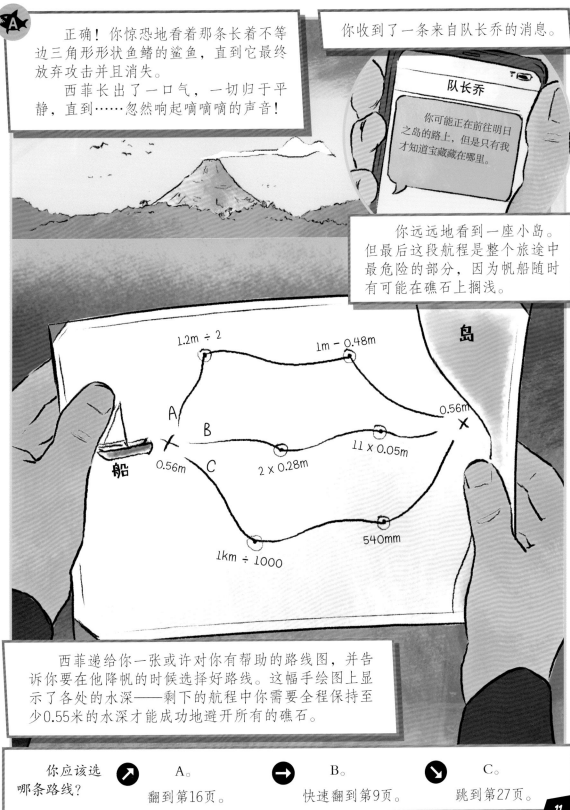

正确！你惊恐地看着那条长着不等边三角形形状鱼鳍的鲨鱼，直到它最终放弃攻击并且消失。

西菲长出了一口气，一切归于平静，直到……忽然响起嘀嘀嘀的声音！

你收到了一条来自队长乔的消息。

队长乔

你可能正在前往明日之岛的路上，但是只有我才知道宝藏藏在哪里。

你远远地看到一座小岛。但最后这段航程是整个旅途中最危险的部分，因为帆船随时有可能在礁石上搁浅。

$1.2m \div 2$

$1m - 0.48m$

$0.56m$

A

B

$11 \times 0.05m$

船

$0.56m$

C

$2 \times 0.28m$

$1km \div 1000$

$540mm$

岛

西菲递给你一张或许对你有帮助的路线图，并告诉你要在他降帆的时候选择好路线。这幅手绘图上显示了各处的水深——剩下的航程中你需要全程保持至少0.55米的水深才能成功地避开所有的礁石。

你应该选哪条路线？

A。翻到第16页。

B。快速翻到第9页。

C。跳到第27页。

完全正确！你和队长乔给出了相同的答案。用相对较短的尺子适合测量地图上比较长的海岸线，因为它可以更精确地测量出海岸线的长度。

我最喜欢的艺术形式，就是数学里面的**分形**。如果你把图片不断地放大，就会发现上面的图案是在不断重复的。

A

B

他让你看了两张图片，问你其中哪一张不断放大时是在不断重复的？

 A。
翻到第30页。

 B。
翻到第26页。

不对！他身上的图案看起来很不错，但是如果你在图案中央放一面镜子，就会发现一侧并不是另一侧的完美映射。

回到第17页再试一次。

不对——想一想一个圆有多少度，然后是半圆，然后再继续减半，直到得出你想要的正确答案。

快速回到第43页。

4

干得漂亮！999999－555555＝444444。侧门打开了，一位穿着得体的女士出门来迎接你。

你在寻找勇士，但是你必须有藏宝图才行。我只帮足够聪明的人，也就是能回答出下面这个问题的人：**七边形**有多少条边？

你的答案是？

7
7。
快速翻到第30页。

6
6。
前往第43页。

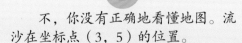
不，你没有正确地看懂地图。流沙在坐标点（3，5）的位置。
回到第40页再试一次。

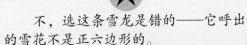
不，选这条雪龙是错的——它呼出的雪花不是正六边形的。
回到第7页再试一次。

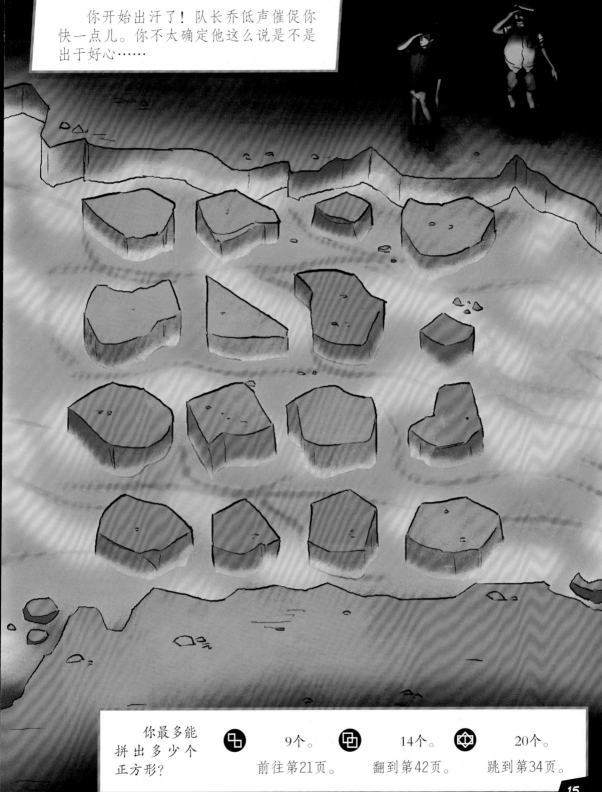

你开始出汗了！队长乔低声催促你快一点儿。你不太确定他这么说是不是出于好心……

你最多能拼出多少个正方形？

9个。前往第21页。

14个。翻到第42页。

20个。跳到第34页。

正确！地球是一个不规则的**椭球体**，也就是说，它虽然是一个球体，但并不是一个正圆形的球体。

接下来，莫阿娜带着你走向一个楼梯，如果你能回答出第二个问题，她就会邀请你走上楼梯去欣赏风景。

问题2：从上面往下看，楼梯是什么样子的？

你的回答是？

◎ 快速翻到第5页。

◉ 前往第20页。

 不！你选的地方有漩涡！漩涡对于航行的船只来说真是太危险了！

回到第9页再开一次。➡

 不对。再看一遍，这条路线是很危险的！

回到第11页再试一次。

正确！逆时针方向旋转45°的意思就是向左旋转一点点。你加快脚步走向海滩。你看到了4名水手，他们每个人的胳膊上都有一个图案。

下面哪个图案是轴对称图形？

A。
翻到第31页。

B。
回到第12页。

C。
回到第10页。

D。
翻到第5页。

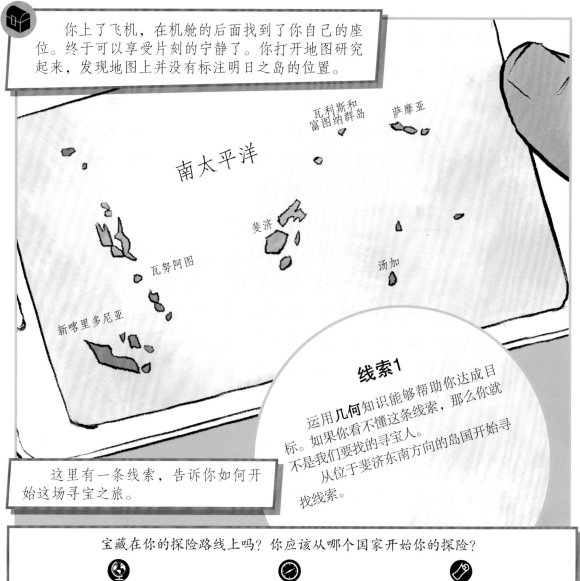

你上了飞机，在机舱的后面找到了你自己的座位。终于可以享受片刻的宁静了。你打开地图研究起来，发现地图上并没有标注明日之岛的位置。

瓦利斯和富图纳群岛

萨摩亚

南太平洋

斐济

瓦努阿图

汤加

新喀里多尼亚

线索1

运用**几何**知识能够帮助你达成目标。如果你看不懂这条线索，那么你就不是我们要找的寻宝人。

从位于斐济东南方向的岛国开始寻找线索。

这里有一条线索，告诉你如何开始这场寻宝之旅。

宝藏在你的探险路线上吗？你应该从哪个国家开始你的探险？

汤加。	萨摩亚。	瓦努阿图。
跳到第27页。	前往第33页。	翻到第41页。

这看起来似乎很合理，但却是错误的答案。因为用相对较长的尺子无法测量出地图上所有的角落和弯弯曲曲的地方——它只适合用于测量最短的近似路径。

回到第32页再试一次。

A

不，你马上就要栽在最后一个障碍上了。点数3的那面应该在点数4的那面的相对面（也就是说，每两个相对的面上点数总和都是7）。

快速回到第20页。

干得漂亮！你用尽全力搬起那些长方体货物，朝他的船走去。

西菲的船有一个非同寻常的三角形帆，他问你，能否算出标着问号的那个角的**角度**，这是衡量你的适航性的标准。

30°

90°

?

船帆上标着问号的那个角是多少度？

 40°。

回到第9页。

 50°。

快速翻到第20页。

 60°。

前往第42页。

哎呀！巨魔看起来很得意，他马上要来抓你去喂鱼！

快速回到第31页，重新做出选择。

错啦！一个圆有360°，半圆有180°，四分之一圆有90°，再减半两次就能得出正确答案了。

快速回到第43页。

你完全没有想到，火山女神居然拿出一张制作骰子的**纸模**。

嘿，年轻人。骰子上面的点数都被我烤焦了。相对的两个面上点数之和都是7。

哪一面的点数是3?

你的答案是?

A A。
回到第18页。

B B。
前往第14页。

C C。
翻到第38页。

不！楼梯的每一层大小都是一样的，所以从上面往下看，并不是螺旋状的。

回到第16页再试一次。

不对。你需要用180°减去已知的两个角的度数，从而得出正确答案。

回到第19页再试一次。

正确。三棱柱体的两个底面各为一个三角形，然后用三条**平行线**将这两个三角形的对应端点连接起来。

西菲给了你一些香蕉，还有一种用椰子制成的能量饮料。

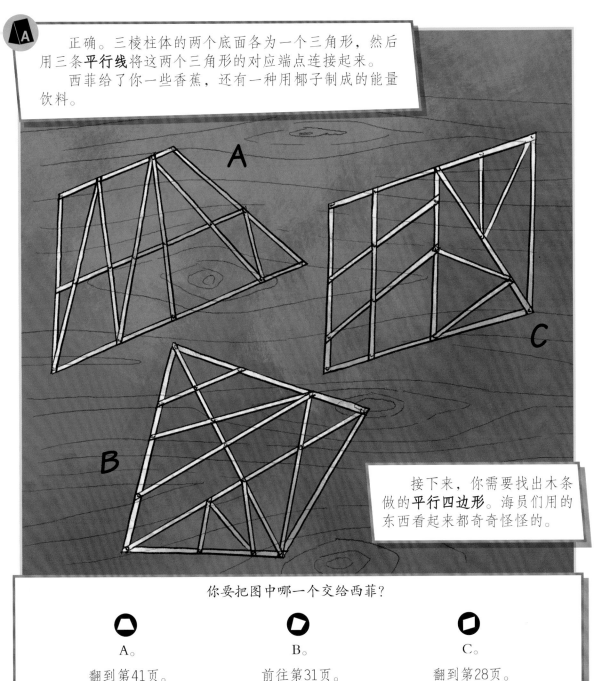

接下来，你需要找出木条做的**平行四边形**。海员们用的东西看起来都奇奇怪怪的。

你要把图中哪一个交给西菲？

A。	B。	C。

翻到第41页。　　　　前往第31页。　　　　翻到第28页。

不，555555这个数太大了。

回到第8页再试一次。

不对，看起来你好像只找出了最小的边长为1个单位的正方形，但是好像还有更大的正方形。

回到第15页再试一次。

正确！一个八边形有8条边，一个九边形有9条边。当你和队长乔同时转动钥匙时，第二道石门打开了，一条通往火山的通道出现在你们的眼前，你们小心翼翼地走了进去……

当你们快要走到隧道的岔路口时，队长乔忽然推了你一下，又把岩壁上的标识抹掉了一半，然后他就消失了。

幸运的是，隧道口上的每个字都还留下了一部分，所以试着选择一条隧道入口吧。

你应该走哪条路？

左边的隧道。　　　　右边的隧道。

跳到第38页。　　　　快速翻到第8页。

不，尽管地球不是一个完美的球体，但它也不是卵形体——也就是说，它并不是类似鸡蛋的形状。

回到第30页再试一次。

不对。那条鲨鱼的鱼鳍形状是**等腰三角形**，所以它不会对你感兴趣。

睁大你的眼睛，回到第33页盯住食人鲨。

正确。顶点是一个拐角处。你安全地把船开了进去，然后上岸了。在你有机会提出抗议之前，西菲已经离开了，他远远地朝你喊着，让你找到地理画廊。

你刚刚踏上海滩，就看到一个男人挥舞着拳头朝你跑了过来。

这里不欢迎你！你的船损坏了这里的珊瑚礁，你那些花里胡哨的航行驾驶技能真是让人看着心烦！

你解释说你听不太懂他在说些什么。他描述了一个穿着卡其布制服的人——看来队长乔已经在岛上了。你告诉了这个男人关于藏宝图的事。

他可能可以帮助你，还邀请你去参观他的地理画廊洞穴。他告诉你，洞穴的入口有4条**对称线**。

他说的是哪个洞穴？

A。	B。	C。
翻到第32页。	跳到第5页。	快速回到第10页。

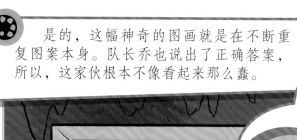

是的，这幅神奇的图画就是在不断重复图案本身。队长乔也说出了正确答案，所以，这家伙根本不像看起来那么蠢。

我喜欢画一些能够完美吻合的物体。你知道当图案像这样组合在一起时，会呈现出什么样的特点吗？

你的答案是？

 镶嵌性。

跳到第40页。

 相关性。

快速翻到第33页。

不，你需要先沿着x轴（横轴）定位，然后再沿着y轴（纵轴）定位。

回到第5页再看一遍。

不，这些货物的任意两个面都不是平行的，所以它们不是长方体。

回到第10页再试一次。

26

没错！你的几何水平可以胜任这项工作——位于斐济东南方向的国家是汤加。

好消息！你正准备从汤加出发——队长乔一定也是这么计划的。

汤加机场

汤加

努库阿洛法

○A

○B

线索2

地图上提示的线索是：你要前往的地方，它与汤加机场之间的距离是它与汤加首都努库阿洛法之间距离的2倍。

一位勇士会告诉你第三条线索。

飞机刚一落地，你就悄悄溜走了。你得赶在队长乔的前面。地图上显示了下一条线索。

你应该去地图中哪个点？

 A点。

翻到第8页。

 B点。

前往第36页。

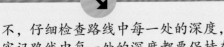

不，仔细检查路线中每一处的深度，然后牢记路线中每一处的深度都要保持在0.55米及以上才能安全通过。

回到第11页再想一想。

你选的两把钥匙中，只有八边形的钥匙能用，同时你还需要再找一找九边形的那一把。

回到第37页再选一次。

正确。平行四边形有两组互相平行的边。

这个平行四边形是一张古代波利尼西亚的地图，显示了太平洋上的岛屿、洋流和风向。但是你拿错了方向！应该逆时针方向旋转270°。

动作快一点儿！队长乔正穿过海滩不断向你靠近……

旋转后哪个图形是正确的？

A
B

◆ A。
翻到第8页。

◼ B。
跳到第33页。

不对，你选的是逆时针方向旋转60°，这样不会把你带到正确的地方。

回到第39页再试一次。🍃

不对，一个八边形只有8条边。

回到第41页再试一次。⭐

正确。这条河是通往宝藏之路的第一步。

不久你就到了河边，看到了那些用来过河的石头。

河岸上立着一个警示牌。

谨慎行事

六边形的石头是牢固的踏脚石，而**七边形**的石头其实是食人鱼，它们会吃人。

你应该选哪条线路过河？

A A。
前往第22页。

B B。
翻到第8页。

C C。
跳到第42页。

7

正确。七边形是一个有7条边的平面图形。

她微笑着做了自我介绍，说她叫莫阿娜，是一名环保勇士。你必须回答出3个问题，她才能告诉你下一条线索。

汤加位于赤道的隆起处，因此它和地球中心之间的距离要略小于两极的陆地和地球中心之间的距离。

问题1：地球是什么形状的？

你的答案是？

⊠ **卵形体。**
前往第23页。

◈ **椭球体。**
回到第16页。

△ **二十面体。**
翻到第37页。

不，那幅图画不断放大时并没有在不断重复它自己。

回到第12页再想一想。

不！有**等边三角形**形状鱼鳍的鲨鱼是不会伤害人类的。

回到第33页再试一次。

正确！这些线是完全平行的。只是错觉的缘故使它们看起来好像是歪歪扭扭的。巨魔嘟囔着，又提出了下一个问题。

数一数这个五角星图案里面总共有多少个三角形。要留神那些隐藏很深的三角形哟。

巨魔在沙滩上画出了一个五角星。

你最多能找出多少个三角形？

5　5个。

翻到第9页。

8　8个。

跳到第43页。

9　9个。

前往第19页。

不，如果你仔细看，就会发现这个文身图案不是轴对称图形。

回到第17页再试一次。

不，这是一个风筝的形状，要抢在西菲决定不带你去之前，找出正确的平行四边形。

回到第21页再选一次。

完全正确，这个洞穴的入口有4条对称线。

队长乔已经在地理画廊洞穴里面等着了。他要求得到下一条线索。

我叫汉塞尔·博罗特，是一名几何学爱好者。我会给你们出3道题，答对所有问题的人就会得到地图。

第1题，我用一把1千米长的尺子测量了地图上的海岸线，然后又用一把1米长的尺子测量了一遍。当我用相对短一些的尺子测量的时候，会发生什么？

测量出的海岸线的总长度变短了。

翻到第18页。

测量出的海岸线的总长度变长了。

前往第12页。

是的！270°就是旋转一整圈的3/4。当队长乔发现你的时候，你已起航，他愤怒地挥起了他的拳头！

航行过程中，西菲发现了一群鲨鱼，他提醒你，长着**不等边三角形**形状鱼鳍的鲨鱼会吃人。

你需要提防图中哪条鲨鱼？

 A。

回到第11页。

 B。

前往第23页。

 C。

快速翻到第30页。

 不！萨摩亚位于斐济的东北方向。画出一个指南针，标上东西南北，就能分辨得更清楚啦。

回到第18页再试一次。

 不！在数学中，"相关性"与形状是如何组合在一起的无关。

回到第26页再试一次。

没错！最多可以拼出20个正方形。

一股烟雾过后，你们的眼前出现了一些正方形，它们组成了一座通往宝藏的石桥。

1个正方形

9个正方形

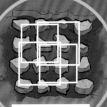

4个正方形

4个正方形

2个正方形

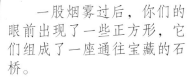

队长乔试图抢在你前面跑过那座桥。火山女神示意雪龙阻止他，因为你才是正确完成了拼图的人。雪龙开始朝他吹寒气，直到他像雪人一样被完全冻住了。

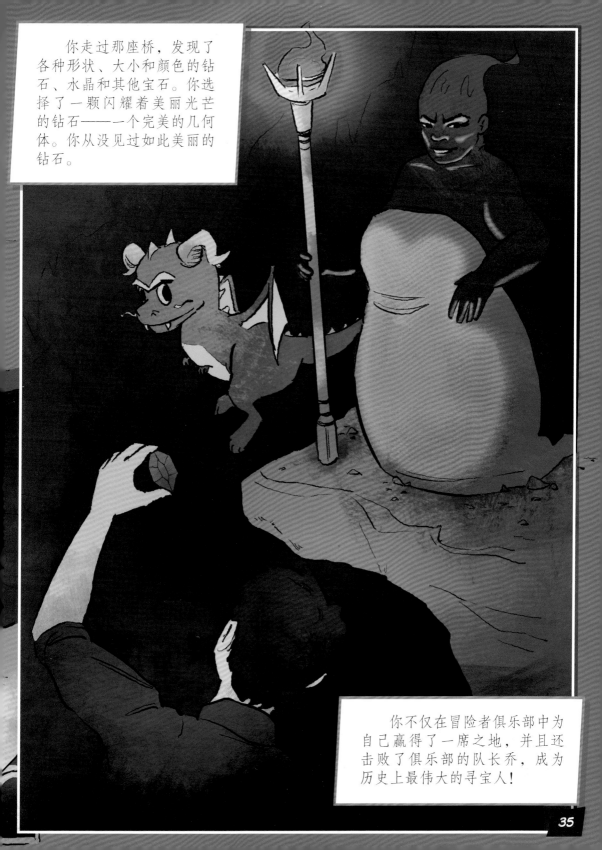

你走过那座桥，发现了各种形状、大小和颜色的钻石、水晶和其他宝石。你选择了一颗闪耀着美丽光芒的钻石——一个完美的几何体。你从没见过如此美丽的钻石。

你不仅在冒险者俱乐部中为自己赢得了一席之地，并且还击败了俱乐部的队长乔，成为历史上最伟大的寻宝人！

没错！一个圆的1/4角度是90°，它的一半的角度就是45°，一半的一半的角度就是22.5°，也就是1/16个圆。

你做得很好，我的朋友，你非常聪明，但是下雨天要注意安全哟。

巨魔偷偷溜走了，嘴里喃喃地说它得想出一些更难的题目留给下一位来寻宝的人。

 翻到第6页继续你的冒险。

不对！B点这个位置到机场和到首都的距离几乎是一样的。

回到第27页再试一次。

不，这是一个三棱锥。

抢在西菲生气之前，回到第42页再试一次。

没错——一个十二边形有12条边。队长乔找到了钥匙，把它插进锁眼里，门缓缓打开了……里面居然还有第二道门！

这里有两个相邻的锁孔和一条提示信息：寻宝人如果结伴出现，请通力合作。但是一旦进入，就只有一个人能够带走所有的宝藏。

队长乔很不情愿地与你合作找到了两把钥匙。

两个锁孔分别有8条边和9条边，你需要找到几边形的钥匙？

 八边形和**九边形**。

翻到第23页。

 六边形和八边形。

跳到第39页。

 八边形和七边形。

回到第27页。

 不，二十面体是一个有20个面的几何体。回到第30页，快速且正确地回答问题。⑦

 不对！你选的货物不是长方体。回到第10页再看一遍。

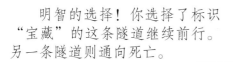

明智的选择！你选择了标识"宝藏"的这条隧道继续前行。另一条隧道则通向死亡。

你追上了队长乔，他正准备进入一个洞穴去见火山女神。

我是宝藏的守护者。如果你们能通过我的几何题目测试，就可以选一颗宝石带走。如果没能通过测试，我就会拿你们去喂我的雪龙。

队长乔把你推到了前面。他真是个胆小鬼！

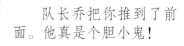 保持镇静，冷静思考，然后把书翻到第20页。

你的答案已经很接近了，但是333333这个数太小了，还要再加上111111才是正确答案。

回到第8页再试一次。Ⓐ

不对！虽然点数3和点数4是骰子的两个相对的面，但是它们在纸板上不会是在相反的两侧。

赶快回到第20页再试一次。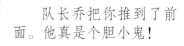

正确。在坐标（6，3）的位置有一棵猴面包树，莫阿娜高兴地拍着手告诉你，那棵树会给你提供下一个线索。

当你准备离开的时候，你听见队长乔在门外大喊大叫，说他要见一位勇士，立即！马上！你最好动作快一点儿。

你找到了那棵猴面包树，看到一张写着线索的纸条被钉在树上。

线索3

逆时针方向旋转45°，然后沿着这个方向一直往前走，直到你找到一位身上有**轴对称**图形的水手。

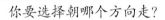

A

B

C

你要选择朝哪个方向走？

方向A。

翻到第28页。

方向B。

回到第17页。

方向C。

前往第42页。

错了！一个十一边形有11条边。

跳回第41页。

不对。一个六边形有6条边，一个八边形有8条边。

回到第37页再试一次。

没错！镶嵌指的是图形形
状紧密结合在一起，并且不重
合地排列。

汉塞尔·博罗特递给你们每人一个
信封。队长乔握着他的信封离开了。你
对汉塞尔·博罗特表达了感谢之后也出
发了。你需要最先找到宝藏！

想要找到宝藏，首先要定位坐标（9，3），然后从这里往
高处爬，一直爬到你找到火山女神为止。

你打开信封，里面的地图上显示在岛中
央有一座火山，还写了一条线索。

地图上的坐标点（9，3）在
哪里？

 河流处。

翻到第29页。

 流沙处。

快速翻到第13页。

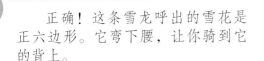

正确！这条雪龙呼出的雪花是正六边形。它弯下腰，让你骑到它的背上。

这些雪龙飞快地朝着岛中央的火山飞去。最终，它们降落在一座山上，这里有一扇岩石做成的门。

你试图打开这扇门，但是石门却纹丝不动。你注意到旁边有一个有12条边的锁孔。

你需要寻找几边形的钥匙？

 十二边形。

翻到第37页。

 十一边形。

前往第39页。

 八边形。

快速翻到第28页。

 不对！瓦努阿图位于斐济的西边。仔细想想东南西北在指南针上的位置。

回到第18页再试一次。

 不对！一个平行四边形有两组互相平行的边，但是这个图形只有一组互相平行的边。

再看一遍第21页。

41

正确！90°+30°+60°=180°。

西菲开始为航行在船上做准备，并且要求你在船上收集一些设备。这艘船上真是太乱了。

首先，你需要找到装着食物和饮料的**三棱柱体**箱子。

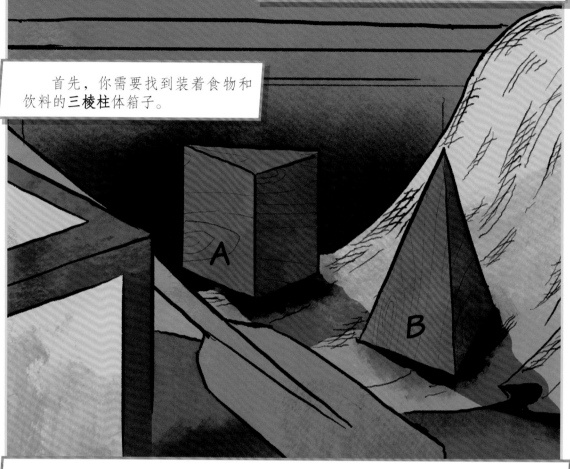

你应该选哪一个？

 A。
翻到第21页。

 B。
跳到第36页。

再试一次！你选择的是**顺时针方向旋转45°**，方向完全错误。

回到第39页再试一次。

哦，天呐！有锋利的牙齿正在咬你的鞋子。下次一定要多加小心，才能安全地穿过这条河。

回到第29页再试一次。

不对！你已经找到了一些各种大小尺寸不一的正方形（1×1、2×2、3×3），但是还有一些由图中对角线连接而成的正方形你是否忽略了呢？

回到第15页再试一次。

42

★8

正确！这个五角星上面总共有8个三角形——5个顶点上的小三角形，还有3个大三角形。巨魔似乎很佩服你，但是也有一点点小失望，因为他不能拿你当鱼食了。

把半张披萨每次切一半，切三次后，最小的这块披萨的角度应该是多少度？

他像变魔术一样，变出了一个被切成4块的半张披萨。

你的答案是？ 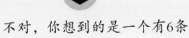 17.5°。 快速翻到第12页。

22.5°。 回到第36页。

25°。 回到第19页。

6

不对，你想到的是一个有6条边的六边形。

再看一遍第13页。④

不对，这里只有探出海面的岩石，但不是你要开往的顶点。

回到第9页再试一次。

43

数学名词解说

角度

由一点发出的两条射线所形成的平面图形叫作角。角的大小用角度来表示。

逆时针方向

沿着钟表的表针移动轨迹相反的方向。

顺时针方向

沿着钟表的表针移动轨迹相同的方向。

坐标

确定平面上或空间中一点位置的一组有序数对。第一个数字表示的是沿 x 轴（横轴）水平标示的位置，第二个数字表示的是沿 y 轴（纵轴）垂直标示的位置，两个数字之间用逗号隔开。

长方体

有6个两两平行的面和8个顶点的形状，长方体是各面均为矩形的平行六面体。正方体是一种特殊的长方体。

度（°）

用来测量角度的单位。一个完整的圆是360°，半圆是180°，直角是90°。表示度数的符号是°。

十二边形

有着12条边的平面图形，属于多边形。

等边三角形

具有3条长度相等的边，每个内角都是60°的三角形。

分形

一种不断重复自身的无尽模式，将其不断放大，你将一次又一次地看到相同的模式。

几何

数学的一门分支学科，研究对象是点、线、面。研究的对象可以是二维图形（如圆形和方形），也可以是三维图形（如球体和立方体）。

七边形

有着7条边的平面图形，属于多边形。

六边形

有着6条边的平面图形，属于多边形。

等腰三角形

有两条长度相同的边和两个度数相同的内角的三角形。

对称线

一条假想的直线，可以沿着这条直线将图形对折，对折后的两边是完全匹配的。对称线存在于具有对称性质的图形当中。一个图形可能有一条或多条对称线，也可能没有对称线。

地图

标示位置的图形表示。许多地图都采用了比例尺和坐标系统。地图上通常标有网格线，以帮助人们读取坐标。

纸模

能够将二维的"平面图"折叠成三维图形，比如可以用纸模折出一个小正方体。

九边形

有着9条边的平面图形，属于多边形。

八边形

有着8条边的平面图形，属于多边形。

卵形体

一种形状类似鸡蛋的三维图形。

平行线

在同一平面内，两条永远保持相同的距离，永不相交的直线叫作平行线。铁路轨道由两条平行的铁路线组成。

平行四边形

二维图形四边形的一种，两组对边分别平行。正方形和矩形是特殊的平行四边形。

轴对称

如果一个平面图形沿着一条直线折叠后，直线两旁的部分能够互相重合，那么这个图形就叫作轴对称图形。可以想象成将一面镜子沿对称线摆放，就能在镜中看到图形的另一半。

不等边三角形

不等边三角形指的是3条边都不相等的三角形。

正六边形

把平面图形旋转360°，能够在6个不同的位置看到完全一样的图形。

球体

一个半圆绕直径所在直线旋转一周所成的空间几何体叫作球体。球体是一个三维图形，看上去像一个球一样。球面上任意一点到球心的距离都是相同的。

椭球体

一种和球体形状类似，但是又不是完美球体的三维图形。地球就是一个椭球体的例子。

镶嵌

用形状、大小完全相同的一种或几种平面图形进行拼接，彼此之间不留空隙、不重叠地铺成的平面图案。完美的镶嵌会使用重复的模式和独特的图案，就像贴瓷砖一样。

三棱柱

用矩形的面将位于两端的两个全等的三角形连接起来的几何体。三棱柱是一种三维图形。

顶点

在平面几何学中，顶点是指两条或多条线相交形成的地方，或指角的两条边的公共端点。

x 轴

在平面直角坐标系中，水平的数轴称为x轴或横轴，习惯上取向右为正方向，x轴和y轴共同组成平面直角坐标系。

y 轴

在平面直角坐标系中，竖直的数轴称为y轴或纵轴，习惯上取向上为正方向，y轴和x轴共同组成平面直角坐标系。

阅读提示

"数学大冒险"系列丛书旨在通过引人入胜的冒险故事，鼓励孩子们发挥聪明才智，运用所掌握的数学知识付诸实践，以提升数学技能。这些故事就像一个个闯关游戏，孩子们在阅读的过程中只有解决一个又一个的数学问题，才能最终取得令人兴奋的成功。

本套丛书没有遵循传统的阅读模式。读者需要根据选择的答案给出的提示前进或者跳回到指定的页码继续冒险。如果选择的答案是正确的，那么故事就会向下发展；如果选择的答案是错误的，那么读者就需要回到之前的那一页重新再试一次。

书后的数学名词解说可以帮助读者正确理解书中数学名词的意思。

下面这些方法可以帮助提升孩子的数学应用能力

- ∞ 父母和孩子一起读这套书。

- ∞ 解决遇到的数学问题，并且了解书中是如何解决这些数学问题的。

- ∞ 陪伴孩子一起阅读，直到他有足够的自信可以自主阅读，能按照书中的指引找到说明或者下一道数学谜题。

- ∞ 鼓励孩子独立阅读。向孩子提出问题：现在发生了什么？鼓励孩子给你讲解故事是如何发展的，以及孩子解决问题的思路。

- ∞ 在日常情景中讨论关于形状和角度的问题，例如：发现自然、艺术和建筑中的二维和三维图形，注意它们的对称性和镶嵌性，估算周围物体的角度，等等。

- ∞ 享受使用地图和导航做游戏，设置迷你定向越野挑战赛。例如：在院子或公园里先向前走10步，然后顺时针方向转90°，再走5步，再逆时针方向转45°，再走2步，以此类推。

- ∞ 创造属于孩子自己的数学艺术世界，探索镶嵌的奇妙数学之美。

- ∞ 最重要的是，让孩子感觉数学变得有趣起来！